中国中医科学院
科技创新工程重大攻关项目

古方中的祛湿

懒人汤粥

路洁 郑昭瀛 著

中医古籍出版社
Publishing House of Ancient Chinese Medical Books

图书在版编目（CIP）数据

古方中的祛湿懒人汤粥 / 路洁，郑昭瀛著. -- 北京：中医古籍出版社，2025.6

ISBN 978-7-5152-2791-7

Ⅰ. ①古… Ⅱ. ①路… ②郑… Ⅲ. ①祛湿(中医) - 汤菜 - 菜谱②祛湿(中医) - 粥 - 食谱 Ⅳ. ①TS972.12

中国国家版本馆CIP数据核字(2023)第233584号

古方中的祛湿懒人汤粥

路 洁 郑昭瀛 著

策　　划　李 淳
责任编辑　李 洪
封面设计　王青宜
出版发行　中医古籍出版社
社　　址　北京市东城区东直门内南小街 16 号（100700）
电　　话　010-64089446（总编室）010-64002949（发行部）
网　　址　www.zhongyiguji.com.cn
印　　刷　水印书香（唐山）印刷有限公司
开　　本　710mm × 1000mm　1/16
印　　张　13
字　　数　160 千字
版　　次　2025 年 6 月第 1 版　2025 年 6 月第 1 次印刷
书　　号　ISBN 978-7-5152-2791-7
定　　价　68.00 元

目录

第一章
认识湿气，知己知彼，方能祛湿

第二章 祛痰湿，养脾、肺、肾

第三章
祛寒湿，宜固护阳气

第四章
祛风湿，扶正祛邪最关键

第五章
祛湿热，养好脾胃很关键

第六章
祛虚湿，先祛湿再补气

第一章

认识湿气，知己知彼，方能祛湿

俗话说“十人九湿”，现代人群中，湿气重是一个普遍存在的现象。对于“湿气”，大众并不陌生，人们或许都听说过“湿气”“痰湿”“祛湿”等中医词汇，但真正了解“湿气”的人却很少。只有了解了湿气的特点及其对机体造成的影响，科学祛湿，才能远离湿气困扰，获得健康。

认清湿的真相

湿是中医学里的一个病因概念。自然界里有湿，人体也有湿。湿，通俗地说就是水分比较多。我们通常所说的“湿气”，是指人体内水分代谢异常出现的多余的物质。湿气在人体内无法得到正常的疏泄，日积月累，就成了中医理论中的邪气之一，也是病机的一种。

湿邪的性质和特点

湿性重浊

“重”，即沉重、重着。湿邪致病，其临床症状有沉重的特点，如头身困重，四肢酸楚、重着等。机体为湿邪所缠，则会感觉头身困重。

“浊”，即秽浊垢腻。湿邪为病，常常表现为排泄物和分泌物秽浊不清，这被称为湿性之“浊”。若湿邪在头部，则脸上易出油，眼屎多，舌苔黄厚腻；若湿邪在皮肤，则易患湿疹；若下焦（肠道和生殖器官等）为湿邪所困，则容易出现小便浑浊、不爽，大便溏泄或下痢脓血等症状，女性还易出现带下黄白、腥秽等不适。

湿气重的人会有下半身很重，使不上劲，双脚乏力的感觉。

湿性黏滞

湿邪致病有黏腻、停滞的特点。“黏”，即黏腻；“滞”，即停滞。这一特性主要表现在两个方面：

一是指症状多黏腻不爽、黏滞不清：湿阻中焦，胃脘痞满，气机滞塞，久而不开；湿阻大肠，则大便多黏滞不爽，小便涩滞不利，分泌物黏浊，口黏，舌苔厚腻等。

二是指病情缠绵，迁延难愈：因湿性黏滞，蕴蒸不化，胶着难解，故起病缓慢，传变迟缓，反复发作，或时起时伏，病程缠绵日久难愈，如湿温、湿痹、湿疹等病。

湿性趋下

《黄帝内经》中，对湿邪致病趋下有详细的描述。如《灵枢·百病始生》云：“清湿则伤下……清湿袭虚，则病起于下。”《素问·太阴阳明论》云：“伤于湿者，下先受之。”《灵枢·邪气脏腑病形》云：“身半以下者，湿中之也。”湿性类水，水性就下，且其质重浊，故湿邪有下趋之势，易伤及人体下部，即四肢等部位，引起病症如淋浊、带下、泄泻、下肢浮肿、下肢溃疡等。

易伤阳气

湿为阴邪，容易阻遏气机，损伤阳气。如果湿邪阻滞了阳气的前行，被阻遏的地方就会气机不通，出现一系列症状。湿邪困住了肌表的经络，肢体就会困重，懒动；湿邪阻于中焦，就会胸脘痞闷；湿邪停于下焦，气化不利，就会小便短涩。

湿邪与风、寒、暑、燥、火的关系

湿邪，“其性静兼”，具有容易兼夹六邪（六淫）中其他五邪（风、寒、暑、燥、火）的特点。湿邪可与其他外邪同时侵犯人体而致病。

湿邪与风邪同时侵犯人体筋脉关节则为风湿，可见发热恶风，四肢酸楚，关节肿痛困重，屈伸不利。

湿邪与寒邪同时直中脏腑则为寒湿，可致脘腹冷痛，呕吐清水，泻下清谷，肠鸣水声。

暑邪与湿邪同时伤人则为暑湿，可见身热不扬，午后为甚，胸闷呕恶，食少倦怠，大便溏薄，小便短少。

燥邪与湿邪先后侵犯人体，就会引起燥湿病，表现为燥邪为病的口干咽燥、咳嗽、恶寒发热等症状，以及湿邪内蕴的胸脘痞闷、身体困重等症状。

湿邪与火（热）邪同时伤人则为湿热，可见发热心烦，胸闷，口渴而不思饮或关节肿痛。若湿热下注大肠，可见腹痛，便泻不爽或下痢脓血，里急后重，肛门灼热。

七情与湿病

怒伤肝

大怒伤肝，可引起肝的疏泄失常。肝气横逆，乘脾犯胃，使脾的运化水谷功能失常而致食少呕恶，肠鸣腹泻；或聚湿生痰，胸膈不利；肝疏泄失常，气机郁结，影响三焦通调水道的功能，也会导致津液的输布代谢障碍而产生水湿病证，甚者可致水肿。

思伤脾

思虑太过可使脾失健运，以致食欲不振，脘腹痞满，大便泄泻，倦怠乏力，夜寐不安，水湿运化失职。

悲忧伤肺

忧郁日久，气道闭塞，悲伤过度，耗伤肺气，均可致宣降失司，通调水道功能失常，出现胸闷不舒，气短喘息，痰饮，咳嗽或浮肿，甚至形寒怯冷，表虚自汗，易感冒等。

惊恐伤肾

肾气损伤，气化失职，使肾的功能失常，致小便不利或二便失禁，水肿，腰膝酸软，乏力。

喜伤心

狂喜过度，心气耗散，致血运失常，津液运行受阻，也会造成水湿内停，心烦不寐，心悸，甚至暴绝。

饮食与湿病

脾主运化水谷精微，胃为水谷之海，饮食失度，就会造成脾胃运化水湿功能失常，而致生湿、聚饮、酿痰，导致呃逆、呕吐、脘闷腹胀、泄泻等病证。

饥饱失常

饮食应以适量为宜，过饥过饱或暴饮暴食均可引发疾病。过饥，摄食不足，营养缺乏，则气血生化乏源，而致脾胃薄弱。饮食过饱，脾胃不能消磨运化，也会伤及脾胃。所以，过饥过饱都会影响脾的运化水湿功能，而致纳呆、嗳气、恶心、吐泻、胸闷、痰多等水湿停滞、气机升降失常的症状。

饮食不洁

饮食不洁，或进食腐败变质、有毒食物，则脾胃功能紊乱，而致腹痛、吐泻、痢疾，甚至痰阻心包而昏迷，或湿病化热伤阴而动风、痉厥。

饮食偏嗜

饮食偏嗜，如过食肥甘厚味，可聚湿生痰、化热，易致肥胖、眩晕、中风、胸痹、消渴等病变；或偏食生冷寒凉之品，耗伤脾胃阳气，导致寒湿内生，而出现腹痛、吐泻。

合理膳食，饮食品种应多样化，避免单一。

嗜酒与湿病

少量饮酒，可温经通脉、舒筋活血。但长期大量饮酒，就会耗损脾胃和肝胆之气，致水湿内停而生湿生痰。日久湿蕴化热，导致脾胃湿热，引发脘腹痞闷，恶心欲呕，口黏而甜或口苦而干，肢体困重，便溏不爽，小便短赤不利，舌红，苔黄腻，脉濡数等。

总喝酒，并且又经常喝醉的人容易患上湿热证。

劳逸与湿病

过度劳累

过度劳累包括三方面，即劳力过度、劳神过度和房劳过度。劳力过度，即长时间的过度用力，损伤内脏的精气，导致脏气虚少，不能输津布液，致气虚多湿，常见少气乏力、四肢困倦、神疲懒言，甚至虚肿肥胖。劳神过度，易耗伤心血，损伤脾气，致脘闷纳呆、腹胀、便溏、泄泻。房劳过度，肾精、肾气耗伤，常见腰膝酸软、精神萎靡、气短、咳喘、腹胀、小便不利、尿少、浮肿等症状。

过度安逸

长时间少动安闲，安逸太过，使人体气血不畅，脾胃等脏腑功能活动呆滞不振，水湿不化，出现食少乏力、胸闷、肢困、肢体软弱，或形体臃肿、肥胖以及脂肪肝、糖尿病等疾病。

体质与湿病

现代中医体质学说将体质分为九种类型，即平和体质、气虚体质、阳虚体质、阴虚体质、湿热体质、痰湿体质、气郁体质、血瘀体质、特禀体质，其中平和体质是正常和健康的体质，其他八种体质则为不健康的偏颇体质。

在九种体质中，除了平和体质之外，其他任何一种体质的存在，都有可能导致湿热侵袭身体，从而引起疾病。这是因为不管是气虚、阴虚，还是阳虚等，都表明身体处于虚弱状态，没有足够的正气来维护身体的健康。正气能抵御病邪的侵袭，保持身体健康，维持身体脏腑器官的正常运转。正气旺盛，人体阴阳协调、气血充盈，就能避免湿热邪气等的侵袭。但若正气不足，湿热等邪气就很容易侵袭人体，使健康受到影响。所以，要尽量补充我们身体的不足，让偏颇的体质转变为平和体质。

气虚体质

气虚体质是元气不足的体现，通常表现为语声低微，气短懒言，形体消瘦，也可表现为形体偏胖，面色苍白，容易疲乏，精神不振，易出汗，舌淡红，舌边有齿痕，脉弱。气虚体质者易患感冒、内脏下垂等病。气虚体质者调养身体以补气养气为原则，宜食用补气类食物，如黄芪、党参、糯米、粳米、牛肉、香菇、土豆、山药等。日常生活中要注意合理调节饮食，保持心情舒畅，生病、劳累了要及时治疗、调理。

阳虚体质

阳虚体质是体内阳气不足的表现，这类人群多见畏寒怕冷，手足不温，肌肉松软不实，喜热饮食，精神不振，舌淡胖嫩，脉沉迟，易患痰饮、肿胀、泄泻等病，感邪易从寒化。阳虚的人要补阳，饮食上多吃甘温的食物以补五脏、壮身体，如虾、苹果、牛羊肉等。生活中，夏季避免强劳作以防大汗伤阳，秋冬季要注意腰腿的保暖，平时避免受风寒，并适当多做户外锻炼。遗传、大量吃寒凉的食物、忧思过度、久病不愈等都可以导致阳虚，平时要多注意。

阴虚体质

阴虚是指精血或津液亏损，阴虚体质的人常表现为形体消瘦，两颧潮红，手足心热，潮热盗汗，口干，头发、皮肤干枯等。阴虚体质的人容易上火，经常烦恼、躁动，其日常养生的基本原则是滋润养阴，谨防温燥，平时应常食鸭肉、绿豆、冬瓜等甘凉滋润之品，少食羊肉、韭菜、辣椒等性温燥烈之品，还要减少忧思，节制房事，及时治疗、调理病症。

湿热体质

湿热体质是以湿热内蕴为主要特征的体质状态，表现为形体中等或偏瘦，面垢油光，口苦，口中异味，身重困倦，大便黏滞不畅，小便短黄，男性易阴囊潮湿，女性易带下发黄，舌质偏红，苔黄腻，脉滑数。湿热体质者养生重在疏肝利胆，祛湿清热。饮食以清淡为主，可适当多食香蕉、西瓜、柿子、苦瓜、番茄、莲藕等水果和蔬菜，忌辣椒、姜、葱等辛辣燥烈的食物，少食狗肉、鸡肉、牛肉、鹿肉等温阳食物。酒性辛热上行，湿热体质者应忌酒。

痰湿体质

痰湿体质者脾胃功能相对较弱，气血津液运行失调，导致水湿在体内聚积成痰，常表现为形体肥胖、腹部肥满、胸闷、痰多、容易困倦、身重不爽、喜欢吃肥腻甘醇的食物、舌体胖大、舌苔白腻等。痰湿体质者养生重在祛除湿痰，畅达气血。饮食以清淡为主，少食肥甘厚味，应常食健脾利湿、化痰祛湿的食物，如白萝卜、洋葱、枇杷、白果、大枣、扁豆、红豆、蚕豆、包菜等。此外，还要注意减少寒湿的侵袭、合理调整饮食、多运动等。

气郁体质

气郁体质者大都性格内向不稳定，敏感多虑，常表现为神情抑郁，忧虑脆弱，形体瘦弱，烦闷不乐，舌淡红，苔薄白，脉弦，易患梅核气、百合病及抑郁症等。气郁体质也容易诱发湿热体质，气行不畅，郁滞不舒，郁久就会生热化火，一旦再有湿邪侵入，湿热就形成了，所以平时要多注意疏解自己的情绪，保持心情平和。

血瘀体质

血瘀体质者血液运行不畅，容易瘀滞，常表现为面色晦暗，皮肤粗糙呈褐色，色素沉着，或有紫斑，口唇暗淡等。血瘀体质与湿热也有联系。血瘀，即血流不畅，瘀堵在血管中就会生热，引起血热等，所以血瘀者养生重在活血祛瘀，补气行气，平时应适当多食山楂、红糖、玫瑰花等，不吃收涩、寒凉、冰冻的食物，同时保持心情舒畅，注意及时增减衣物，以防寒气入侵。

特禀体质

特禀体质即过敏体质，一般形体无特殊，常见鼻塞、打喷嚏、流鼻涕，容易患哮喘，容易对药物、食物、气味、花粉、季节过敏，皮肤常因过敏出现紫红色瘀点、瘀斑，容易起荨麻疹，皮肤常一抓就红，并出现抓痕。特禀体质也是正气不足的一种表现，湿热邪气容易侵入体内。特禀体质者常出现的皮肤症状，大多也是血热所致，血热即我们常说的血毒。特禀体质者养生重在益气固表，饮食方面可常吃粳米、蔬菜、大枣、蜂蜜等，这些食物能有效防止过敏症状的发生。同时，日常生活中应避免过敏原，加强体育锻炼。

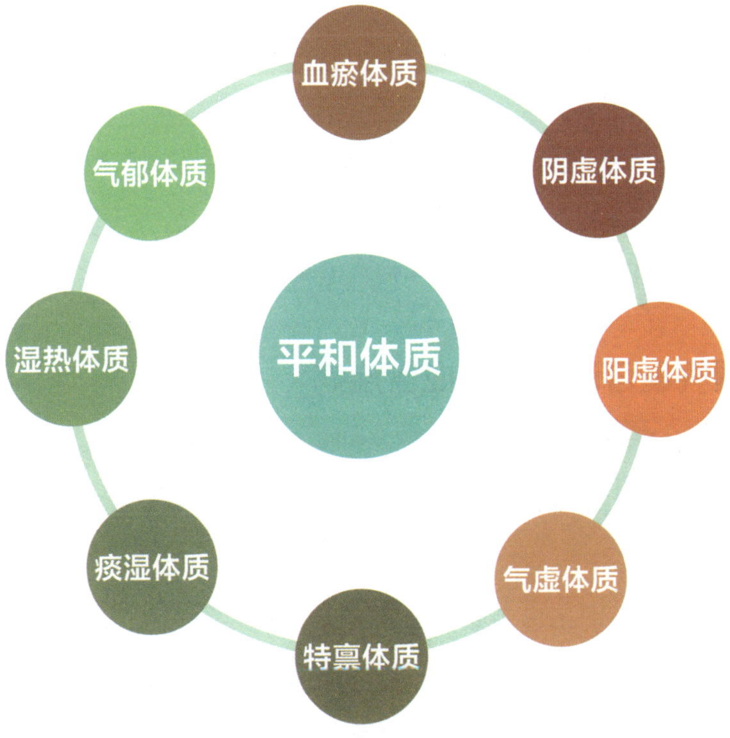

人的九种体质。

湿气影响寿命长短

影响人类寿命的因素有多种，如遗传、生活环境、医疗条件、生活方式等，其中生活方式是左右健康、疾病，从而影响寿命的主要因素。体内湿气重就是由不良生活方式引起的，而湿气越重，说明生活方式越不健康，寿命相对也就越短。

肺部湿气重：舌头胖大、呼吸急促、胸闷

肺部湿气重，主要表现为持续性的咳嗽，痰白量多，质稀，容易咳出，可伴随其他症状，如口腔黏膜有大量唾液的渗出，舌苔厚，身体的皮肤比较潮湿、油腻，容易出现毛囊炎，大便也容易不成形；还可伴随喘息、气促、胸闷、气短等呼吸道症状，以及乏力、消瘦、食欲不振、精神萎靡等一系列症状。

据统计，城市居民疾病死亡率排名，呼吸系统疾病排在第四位，而农村居民疾病死亡率排名，呼吸系统疾病排第一位。引起呼吸系统疾病的原因有很多，但主要因素之一就是湿气重。

湿气重可诱发心脑血管疾病

心脑血管疾病是一类对人类健康造成极大威胁的疾病，在各类疾病的发病率和死亡率中，心脑血管疾病占首位。中医认为，湿气重是心脑血管疾病的诱因之一。

湿气重和气血不足表面上看属于两种不同的证候，但并不意味着二者之间没有联系。体内湿气重，就会损伤脾胃，导致脾胃虚弱，而脾胃为气血生化之源，脾胃虚弱，则其将饮食精微转化成气血的功能就会不

足，从而造成气血不足，心脏和脑部供血不足，容易引发心脑血管疾病。

腹胀、便秘、呕逆多为湿气重

在人体器官中，肠胃起着非常重要的作用，如果肠胃功能失调，消化吸收就会受到影响。肠胃湿气重可分为湿热重和寒湿重两种情况，湿热重和寒湿重都会出现腹胀、腹痛、便秘、便溏、腹泻、反酸、呕逆等症状。

头沉、头痛反复发作

当湿气侵入头部时，头部气血不能正常运行，头部就会有疼痛感。因为湿气的重浊性、黏滞性，由湿气引起的头痛通常会伴有头部沉重感，且头痛会反复发作，难以治愈。因此，由湿气重引起的神经性头痛，治疗调理就要着重祛湿气。

经常梳头，能在一定程度上缓解头痛。

望、闻、问、切巧识湿

中医诊病，主要有望、闻、问、切四种方法。体内是否有湿，也可通过望、闻、问、切来辨别。

望诊辨湿

望诊排在中医四诊的第一位。如果一望就能看出有湿，说明湿气已经很重了。

望形态

望诊首先看到的便是患者整体的形态。如果患者形体肥胖，肌肉松软，多属阳气不足，脾虚有痰湿；如果患者肢体软弱无力、行动不便，但没有具体的疼痛，则属于“痿证”的一种，也可能是有湿。

望面色

望面色，黄色为脾虚湿蕴的征象。中医认为，在五色和五脏的相对应关系里面，黄色对应脾，而脾主水湿运化，面色发黄时，很可能是脾胃虚弱、气血两亏或者脾虚有湿（寒湿或湿热）。如果面、眼睛及全身变黄，称为黄疸，中医多从湿考虑。此外，黑色对应肾，如果眼眶发黑，就有可能是肾阳虚衰，寒湿下注，可能表现为带下、遗精等，也属于湿的范畴。

望五官

望五官包括望眼、耳、口、鼻、舌。

看眼，眼睛巩膜上面经常有脂肪沉淀，或者常年有很小的血丝，看上去比较浑浊，多见于瘀血、痰湿和湿热体质者。

看耳，特别是耳轮，若出现红肿，甚至耳内流脓，就有可能是湿热火毒上蒸。

看口，流口水，口角或口内糜烂，都可能是脾虚湿盛，或是湿热内郁。总是要紧牙齿，或夜间磨牙，则可能是湿热动风。再往里看咽喉，肿而不红，也多为痰湿凝聚所致。

看鼻，色黄为湿热；鼻内息肉，也可能是风湿瘀滞引起的。

看舌，黄厚腻苔，则为湿热；白厚腻苔，则为寒湿。但需要注意的是，夏季湿热时节，特别是黄梅季节，大多数人的舌苔都会厚腻偏黄。舌体胖大，多为水湿痰饮，如加上舌红苔腻，则为脾胃湿热；如加上舌白湿润，则为寒湿壅盛；如舌边上还有牙齿印，则为脾虚湿浸。苔面灰色也可见于痰湿。

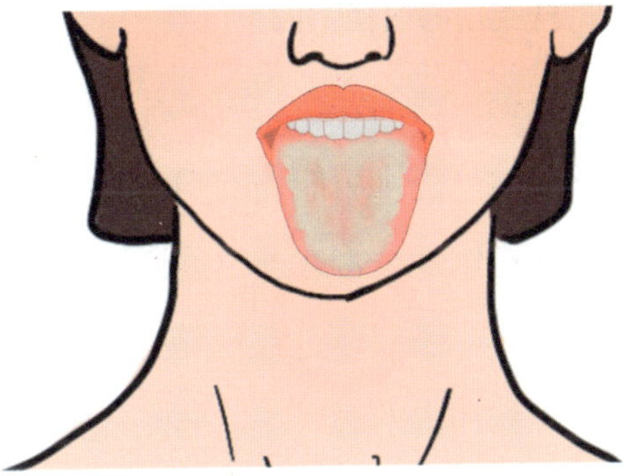

舌体胖大，舌头两侧有牙齿印或舌体有裂痕，舌苔厚、发黏，就表明体内湿气过重。

望皮肤

望皮肤也是望诊的内容之一。皮肤黄色鲜明如橘皮色者为阳黄，多因外感湿热，内伤酒食，湿热蕴蒸，胆汁外溢肌肤而成；黄色晦暗如烟熏者为阴黄，多因寒湿内侵，过食生冷，寒湿阻遏，胆汁外溢肌肤所致。皮肤上如果发出斑疹，也有可能是湿引起的。

望排泄物

痰量多、白滑易咳者，属湿痰。因脾失健运，水湿内停，湿聚为痰。

呕吐黄绿苦水，多属肝胆湿热。

大便清稀如水样，多为外感寒湿，或贪食生冷，脾失健运，清浊不分所致；大便黄褐如糜而臭，多为湿热或暑湿伤及胃肠，大肠传导失司所致；大便夹有黏冻、脓血，多见于痢疾和肠癌等病，为湿热邪毒蕴结大肠，肠络受损所致。

望前阴和后阴

根据病情需要，还可以望前阴和后阴。如男性睾丸肿痛也可能为湿热所致，痔疮则可能是肠内湿热风燥。

儿童体内是否有湿也能通过望诊看出来。如果囟门高高凸起，就有可能是湿热所侵，以致脑髓有病。此外，面色、舌苔等情况与成年人相同，可作为辨别湿气的标准。

闻诊辨湿

闻诊包括听声音和嗅气味两个方面。

对于医生来说，患者开口说话时，就是闻诊的开始。比如最常见的感冒，如果患者有鼻塞或声音重浊，就可能是湿邪引起的。还有常见的咳嗽，如咳声低沉也有可能是湿咳。若咳嗽无力，咳声低微，且多发于凌晨，便有可能是寒湿在大肠。严重如哮喘者，也有可能是因为湿。

肠鸣音在看病时可能听不到，一般为患者自述，如有腹胀、便溏等症状，也可以诊断为湿。

通过嗅觉来诊断的情况并不多，如果气味很明显，比如身上的汗味，就是湿热久蕴于皮肤所致。此外，还有小便的气味、女性白带的气味等，需要患者自行判断。如果臭味明显，则很可能是湿热。

问诊辨湿

问诊就是医生问患者的病情，或者询问了解患者病情的人。医生问诊时，要问清楚患者的主要症状，以及这些病症出现的时间、发展、变化的过程，还要问患者过去的病史。

问寒热

如果患者感觉身上发热，且时间多发生在下午，同时伴有身体困重，则为湿温病。

问出汗

引起出汗异常的因素有很多，和湿相关的仅为其中一小部分。如头面出汗异常增多，常为上焦邪热所迫或中焦湿热蕴蒸。

问头身胸腹

主要是指疼痛方面。头痛全头或局部均可发生，原因及表现也各不相同，可粗略分为 9 种类型。若患者感觉像是整个脑袋都被厚厚的布包裹住了，像戴着一顶很不舒服的帽子，可以考虑是外感风湿引起的。四肢、关节、腰背部等地方的酸痛和头痛一样，其中会有一种类型与湿相关，表现为疼痛的感觉相对固定，痛处感觉沉重。胸腹部则多见痰湿所致的胸闷以及胁肋部的胀痛。此外，即使没有疼痛，但是人体感觉困重，只想躺着，不想动，吃不下饭，大便又偏不成形，也是有湿。

问耳目

问耳目是了解耳目的自觉症状，如耳鸣、目眩等。湿气过盛是会导致耳鸣的，这样的耳鸣通常声音比较大，患者用手去捂住耳朵，不仅不能减轻，还会更响。头晕目眩的情况要相对复杂些，若伴有胸闷、体倦、恶心、苔腻等症状，可以考虑是痰湿内蕴。

问饮食

问饮食是询问口渴与喝水、食欲与食量等情况。喝水可分为喝得多、喝得少、想喝却喝不多 3 种情况。第 3 种情况可能是由湿引起的。由于体内有湿，水分无法输送上去，就会感到口渴，但是喝了一点点水以后，又被体内的湿阻滞了，喝不下了。吃饭也是如此，体内有湿，没有食欲，吃不下东西，所以在长夏时节感受了暑湿以后，食之无味，不能简单地认为是“中暑”了。还有一种情况是口中感觉到异常的味道，如口淡、口腻、口甜，也多是有湿。

问睡眠

湿重的人往往嗜睡，湿困脾阳或外感暑湿，都会引起嗜睡。

问二便

问二便包括问大便和问小便，主要是问排便时的感受。

问大便：如果感到肛门灼热，为湿热蕴结大肠。如果感觉大便稀溏而且排不干净，则是湿蕴结于大肠。如果经常突然有便意，要排又排不出来，也有可能是湿热中阻。

问小便：尿量少，看起来好像是水分不够，事实上，很有可能是水湿停留在体内了，形成了水肿。此外，我们常说的尿频、尿急、尿不尽，都有可能是湿热引起的。

女性还要问月经和白带

湿主要和带下有关，白色量多无味考虑为寒湿，黄色量多味臭考虑为湿热。如果是生育过的女性，还可以问生育的情况，产后风湿十分常见，也属于湿的一种。

切诊辨湿

切诊包括切脉和按诊两个部分。因脉诊有独特的中医特色，故有人也将脉诊称为切诊。

中医诊脉，对于湿证，可诊出濡脉，主要表现为脉象细软无力，轻轻一碰就能感知，重重按下去反而感受不到。小儿脉象也是一样，诊其缓急，缓主湿。

濡　脉

浮而形细，势软，搏动力弱，不能重按，按之则无。

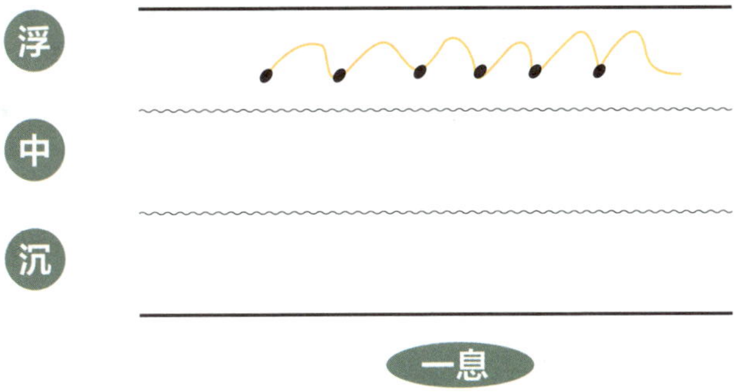

养好五脏，湿邪自祛

湿的代谢由心、肝、脾、肺、肾五脏共同完成，五脏中任何一脏功能出现异常，都可能导致湿邪壅塞。五脏功能正常，水湿在体内的代谢才有保障。

健脾，疏通水湿代谢的枢纽

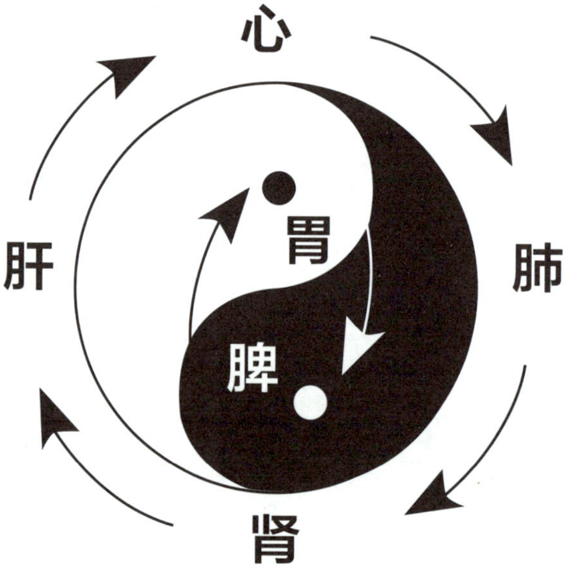

脾升胃降，升降协调，输布水液的功能才得以正常发挥。

脾胃为人体水液代谢的枢纽。脾胃同居中焦，共同完成饮食水谷的消化、吸收、输布及化生气血之功能。饮食入胃，必须依赖脾的运化功能才能将水谷化为精微，同时也有赖于脾的传输和散精功能，才能把水谷精微输布全身。这就好比大坝水利枢纽，如果它的功能正常，就能合理地利用水力资源，如果它出现问题，大坝枢纽将不能正常运转。脾胃如果出现问题，就会直接影响水液的代谢以及上输下达，导致水液停于体内，引起食欲不振、水肿。因此，针对患者的情况，从补气恢复脾胃功能论治，患者的身体就恢复得很快。

正因为脾胃的重要性，所以在日常生活中要注意对脾胃进行呵护。可从以下几个方面进行调养。

食饮有节

人体对饮食的消化、吸收、输布，主要靠脾胃来完成。饮食定量，饥饱适中，恰到好处，则脾胃足以承受。如果长期大量地超负荷饮食，就会损伤脾胃，脾胃不能把水谷精微化成津液，就会变成痰湿留在体内。所以，吃饭七八分饱，减轻脾胃的负担，就是对脾胃最好的养护。

喝茶调养脾胃

“三杯茶”是养护脾胃的良方，大家可以参考。

上午　喝绿茶

绿茶为不发酵茶，属于茶中之阳，可使阳气上升，助脾胃运化。

下午　喝乌龙茶

乌龙茶为半发酵茶，健脾消食，可以消化午餐油腻食物。

晚上　喝普洱茶

普洱茶中的咖啡因经陈放发酵，服之可补脾益肾，固护精气。

姜养脾胃

我们常常会听到“冬吃萝卜夏吃姜，不劳大夫开药方”“饭不香，吃生姜”等说法。现代医学认为，生姜含有挥发性姜油酮和姜油酚，可以发汗解表、温中止呕，具有温脾胃、祛湿化痰、开胃增食的功效。对于脾胃虚、内湿重的人，生姜温脾胃、化湿邪，是不可替代的保健食品。下面介绍姜的两种吃法。

醋泡姜

【材料】鲜姜、山西或镇江米醋、白糖各适量。

【做法】鲜姜连皮切片，放入醋中并加白糖，密封后浸泡 1 周。

【用法】每天早晨吃 2~4 片。

【功效】温胃散寒，祛湿健脾。

【禁忌】胃酸过多者不宜食用。

凉拌子姜

【材料】子姜 50 克，醋、盐、白糖、芝麻油各适量。

【做法】子姜切丝，加醋、盐、白糖、芝麻油拌食。

【功效】祛湿、温胃、止呕。

保肾，维持水液代谢的平衡

《素问·水热穴论》云：“肾者，至阴也，至阴者，盛水也。”这说明水之代谢为肾所主，虽有脾肺参与，但其标在肺，其制在脾，其本亦在于肾，故曰肾为水液代谢之本。

肾主水，所以当我们遇到身体水肿的情况时，首先应考虑肾的问题。《难经》云：“肾主液，入肝为泣，入心为汗，入脾为涎，入肺为涕，自入为唾。”表明人体五液之代谢虽五脏各有司职，但终归均为肾所主，故曰肾为体液之本。

肾中阳气主持水液代谢功能的主要表现是升清降浊作用。进入人体的水液通过胃的受纳，脾的运化，肺的通调，肾的气化，使清者上升于肺，进而输布全身，以濡养滋润组织器官，这个过程叫作“升清”；然后经过肺气的肃降，水道之通调，水液下流而归于肾，再下注膀胱而排出体外，这个过程叫作“降浊”。如此循环，便维持了人体水液代谢的平衡。

在湿的代谢过程中，肾阳的作用是通过蒸化，促进湿的输布和排泄，肾阴则有助于湿的产生，因此有“肾阳为开，肾阴为合”的说法。如果肾阴、肾阳不协调，出现了肾阳、肾阴某一方面的偏盛偏衰，导致开合失调，湿气不能排出，身体就会浮肿。肾在湿的排泄中起着关键性的作用，所以治湿要从肾入手。

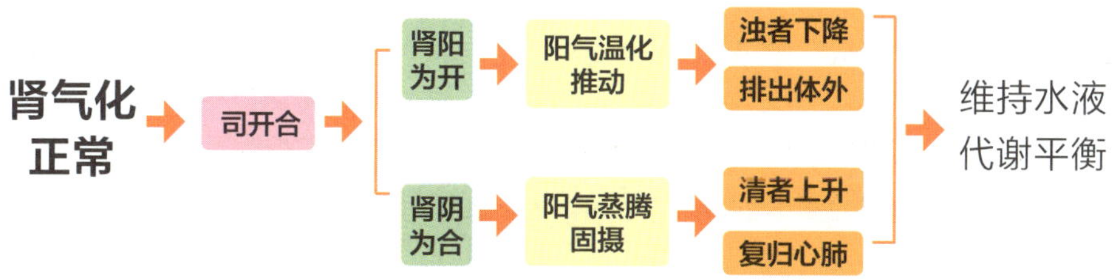

肾是水湿代谢的总开关。

藏阳养肾

《黄帝内经》言："冬三月，此谓闭藏，水冰地坼，无扰乎阳，早卧晚起，必待日光。"冬季起居作息，中医主张早睡晚起，保证充足的睡眠。早睡可以使人体阳气免受寒邪困扰，待日出再起床，能够避开夜里的寒气，以自然界的阳气助长人体的阳气，这就是在养藏，就是在养肾。早睡晚起可利于阳气潜藏，阴精积蓄，养精蓄锐为来春生机勃发做准备。

起床后要注意保暖，手脚是人体的四极，保暖更加重要。白天适量地运动，晚上养成泡脚的习惯。"寒从脚下起"，睡觉前用热水泡脚，可促进下肢的阳气循环，增进睡眠。

进补养肾

肾主闭藏，养肾要注意人体的封藏功能，并要积蓄精气，避免精气的耗损。因此，保肾的饮食应以补为原则。冬季肾当令，冬季进补已成为民间传统习惯。那么，如何通过饮食进补呢?

一是能量进补。可适当食用一些高能量食品，如羊肉、牛肉、驴肉、鳖甲、阿胶等，能起到补肾填精的作用。

二是果蔬进补。宜食用富含维生素的水果与蔬菜，如白菜、萝卜、豆芽、苹果、橘子、香蕉等；还有补肾的干果与豆类，如核桃、栗子、松子、腰果、桑椹、黑大豆、黄豆等。

三是运脾进补。脾为后天之本，肾为先天之本，后天补充先天，才能保持人体的能量和活力。所以，可以通过食疗补脾达到补肾的效果。

喝粥补肾

喝粥遵循保养固肾的原则，很多温性食物可以用来煮粥，合理搭配可调补脾胃、温养肾气，起到脾肾双补的作用。

紫米山药粥

【材料】山药 30 克，紫米 50 克，蜂蜜适量。

【做法】紫米、山药洗净同煮，煮熟后加蜂蜜。

【功效】补脾、和胃、补肾，适合脾虚、大便稀溏、尿频、出汗多、心悸气短者食用。

【禁忌】身体强壮、热盛的人禁用。

栗子粥

【材料】栗子（去皮）30 克，大米 50 克，盐少许。

【做法】所有材料一同煮熟。

【功效】补肾、摄精、强腰，适合肾虚、腰酸腿痛、脾胃虚弱者食用。

【禁忌】腹胀、咳喘的老年人禁用，有风湿病的人少用。

芝麻粥

【材料】芝麻 20 克，核桃仁 10 克，紫米 50 克。

【做法】所有材料洗净同煮，熬至粥熟即可。

【功效】补肾、强筋骨、利肺气，适合白发增多、头晕目眩、腰膝酸软、便秘者食用。

【禁忌】腹泻的人禁用。

补肺，通畅水湿排泄的通道

肺居上焦，主一身之气，主肃降。主气是指肺脏的宣发作用，只有肺气的宣通功能正常，输布水液的功能才得以正常发挥，内至脏腑，外到皮毛，反之则水液停聚而成水肿。主肃降指通过肺脏的清肃、通调水道功能，把水液下输至膀胱，排出体外，所以说肺为水之上源。肺为娇脏，外合皮毛，所以风寒外袭，最初伤肺，肺脏功能受制，外不能把水液宣发至肌表，下不能把水液输于膀胱，风遏水阻，溢于肌肤而成水肿。

排出湿气，补肺气，保持肺宣发肃降的功能，才能使湿邪排泄的通道通畅。

深呼吸——清肺

适度的深呼吸动作有助于清肺，以下是两种简单有效的呼吸法，不妨试一试。

腹式呼吸法：伸开双臂，尽量扩张胸部，然后通过腹部带动来呼吸，目的是增加肺容量。

常做深呼吸动作，可增强肺功能，有助于清肺。

缩唇呼吸法：快速吸满一口气，呼气时像吹口哨一样慢慢“吹”出，能让空气在肺里停留的时间长一些，让肺部气体交换更充分。支气管炎患者可常做。

上述呼吸法最好每天早晚各练 1 组，每组次数可量力而行。

喝茶养肺

补肺气，化痰祛湿，也可以采取喝茶的方法，简便易行。下面介绍两种养肺茶。

百合陈皮茶

【材料】百合 5 克，陈皮 5 克。

【做法】开水冲泡，代茶饮。

【功效】补肺、祛湿、化痰。

松子杏仁茶

【材料】松子仁 15 克，南杏仁 15 克，冰糖适量。

【做法】将上述材料用搅拌机研磨成粉状，加入适量沸水煮 3 分钟，再加入冰糖调味即可。

【功效】温润养肺、止咳。

养心，保护湿邪排泄的出口

心主血脉，将血液输布于全身，而血液大部分是由水分构成的，因此心脏推动血液运行的同时也推动了水液的运行。汗为心之液，汗由津液化生，汗液是人体水液代谢的排泄途径之一。

因此，心对人体水液的代谢起着推动作用，心功能的好坏，在一定程度上影响着体内水液代谢的平衡。当人体内湿气加重，如果心功能强健，湿的代谢正常，湿气就能顺利排出；而心功能不好的人就会出现下肢、面部浮肿，并伴随胸闷、憋气等症状。

要想通过养心来排出湿邪，日常生活中可从以下几个方面来调养。

调节心情

养心贵在静心。情绪乃一身之主，一个人如果终日被不良情绪所控，难免会百病丛生。心态平和，乐观豁达，就是健康的保障。只要心情好，病就好了一半。要注意心理压力的自我调节，面对压力，要学会松弛、自我减压；遇到烦心的事情，要学会自我调整，如多和外界交流，找人倾诉等，使不良情绪转移，恢复愉快的心情。

作息规律

养成早睡早起和午睡的习惯。特别是在炎热的夏季，中老年人一定要午睡。午睡不但能补足睡眠，而且能够改善冠脉血供，增强体力、消除疲劳。年轻人中午也可以闭上眼睛休息一会儿。中午 12 点对应的是心经，正是心神工作的时间，如果在这时能放下体力或脑力工作，好好休息一下，就不至于太劳心、太伤心。

午睡的时间通常以半小时至 1 个小时为宜，具体要因人而异。饭后不要马上入睡，以免降低消化功能。

晚饭后可以散散步，按时就寝，不要熬夜。保持良好的睡眠，才能养好心脏。

午睡姿势应该是舒服地躺下，平卧或侧卧。

吃红色食物，补血益心

心属火，对应红色，宜吃红色食物。红色食物大都具有温热、能量较高、阳气足的特性，例如赤小豆、洛神花、大枣、红曲、枸杞子、山楂、樱桃、胡萝卜等，都有养心补血、促进新陈代谢或消脂的功效。

户外运动

现代人忙于工作等，活动量减少，长时间关在室内，会引起心情烦闷。因此，应尽可能进行户外运动，可利用上下班时间运动，如骑自行车或徒步走上 1~2 站路。或者晚饭后休息半小时，再去小区或附近的公园里走一走。适量的运动可放松心情，有助于养心。

护肝，调节全身的水液代谢

肝脏在水液代谢中的调节作用主要体现在三个方面：一是调节三焦的气机，使三焦水道通利；二是促进肺、脾、肾等脏腑气机的正常升降，从而发挥它们主持水液代谢的作用；三是肝脏可以调畅气血，气行则血行，血行则水利，气血运行通利，水液运行也就正常。

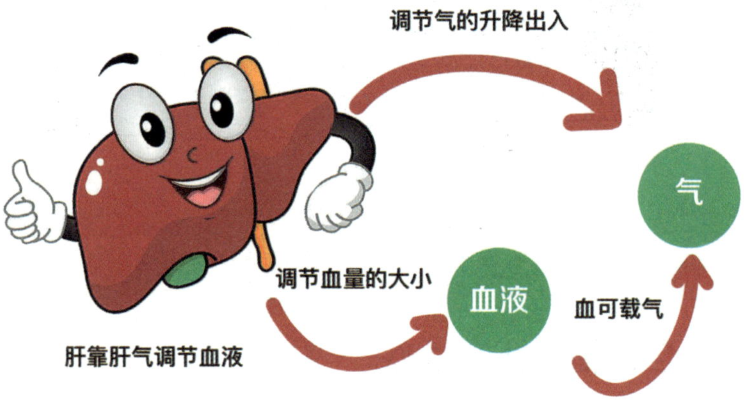

肝有疏通气机、畅达气血的功能。

如果肝有病变，肝失疏泄，肝气壅滞，气机不畅，可导致人体水液代谢不畅，出现水肿、小便不利等情况。因此，要想顺利排出体内的湿气，养好肝脏十分关键。

起居有常

中医认为，人静血归于肝。人只有在睡眠的状态下，全身的血液才能最大限度地流注于肝脏，经过肝脏的解毒，将新鲜的血液输送到全身各处。因此，睡眠与养肝的关系极其密切。晚上 11 点到凌晨 3 点是肝胆经主时，也是肝脏发挥藏血、解毒功能的最佳时段，所以养肝提倡晚上 11 点前睡觉，这样有利于血液回归肝脏，发挥解毒功能。晚上要避免长时间看电视、电脑，注意保护眼睛。

吃绿色食物，养肝护肝

青色入肝，青色的食物对养护肝脏非常有益。青色即为绿色，以蔬菜类食物为多，多有清肝解毒、平肝降火的功效，如菠菜、芹菜、空心菜、油麦菜、生菜、芥蓝、油菜、西兰花、豌豆、绿豆、豇豆、苦瓜。

护肝茶

肝火旺盛可喝些清热护肝的茶。下面介绍两种简单易操作的护肝茶。

菊花决明子茶

【材料】菊花 5 朵，枸杞子 8 粒，决明子适量。

【做法】将菊花、枸杞子和决明子一同放入杯中，倒入开水，浸泡 5 分钟后即可饮用。

【功效】养肝明目。

薄荷桑叶茶

【材料】薄荷叶 3 片，桑叶 5 片。

【做法】将桑叶放入砂锅中，加水煮 10 分钟左右，放入薄荷叶，再煮 1 分钟即可。

【功效】消肿除湿，祛风明目，散热止痒。

顺应节气除湿，湿邪难近身

春季养肝防风湿

立春

春季包括六个节气，即立春、雨水、惊蛰、春分、清明、谷雨。立是“开始”的意思，立春就是春季的开始，此时天气乍暖还寒，患风湿骨痛的人，这个节气常要受疼痛的煎熬。这种风湿骨痛，常被称作关节炎，中医称其为痹证，多因气血亏虚或一时疲劳、正气不足、抵抗力下降，风、寒、湿等病邪乘虚入侵肌肉经络，引起肌肉和关节红、肿、热、痛。病久入深，可以引起全身多个脏腑病变。但只要认真对待，是可以预防的，也是可以治疗的。

首先注意不要久居潮湿的环境，穿衣的厚薄要适当，并根据气温的升降及时更换衣服。饮食上，避免吃生冷的食物，要多吃温热的食物。保持良好的生活规律，保证充足的睡眠和休息。要坚持体育锻炼，特别要注意舒展全身筋骨，也可以做一些简单的伸展运动，有助于骨骼活动。

雨水

雨水节气，天气变暖，冰雪融化，降水增多，正是春雨绵绵的季节。人们在这一时节很容易受到湿邪侵袭而致病，发生咳嗽、感冒等。也经常会出现身体有黏腻感、关节酸痛、食欲不振、皮肤起疹等湿重的症状。

春雨绵绵的节气，肝气旺盛，肝木克脾土，湿邪最易困扰脾脏。因此，在春季的雨水时节，应该特别注重脾的养生，饮食上少吃酸味，多吃甜味，以养脾脏之气。

惊蛰

惊蛰节气，天气回暖，春雷始鸣，钻到泥土里的小动物被雷震苏醒出来活动，万物生机盎然。但体质偏虚的人在此时常会觉得头昏脑涨、精神不济、疲劳、嗜睡。

体虚的人一吹风就感觉难受，不能吃冷、凉的食物，吃了便会腹泻，抵抗力差，身体除湿的能力也不强。体质偏虚的人，在惊蛰时节可以通过喝陈皮茶来除湿养身。陈皮性温，味辛、苦，入脾、胃、肺经，能健脾理气、祛湿化痰，可以帮助体质偏虚的人排出身体的湿气。

春分

春分节气，阴阳二气达到平衡状态，昼夜平分。春分会有返潮现象：

地面经常湿漉漉的，衣服晾了一天也还是湿的。此时体质不佳的人很容易被湿气入侵，常见身上黏腻不爽，腰酸背痛，皮肤出疹子，甚至经常患肠胃炎。

脾主运化，脾胃失调，体内湿气就无法被有效排出，就会导致湿气过重。所以，如果想祛除身体的湿气，可从日常生活的饮食入手进行调整，常吃一些祛湿的食物，如红薯、赤小豆、山药等。

清明

清明时节，草木青青，天气清澈明朗，万物欣欣向荣。此时的养生重点在于让饮食起居顺应自然，人体三焦就会发挥使水液运行通畅的功能。体质偏虚的人如果能顺时养生，就能代谢体内的湿气。

清明时节，人体内的肝气最为旺盛。按照中医的理论，肝气过旺会对脾胃产生不良影响，进而引发各种疾病。此时可以试试按摩肝经，每天睡前，从脚的第一趾开始，沿着脚背、小腿内侧一直到大腿根部，以轻柔的手法抚摸拍敲。两侧轮流按摩 10 分钟，有助于祛除湿气，赶走疲劳。

谷雨

谷雨是春季最后一个节气，此时天气温暖，雨水增多，插秧及播种等都需要雨水的滋润。谷雨时节，湿邪容易侵入人体，引发食欲不佳、关节肌肉酸痛等症状。因此，这段时间宜在饮食中增加渗湿健脾之品。养生要顺应自然环境的变化，通过人体自身的调节使内环境与外环境的变化相适应，保持人体各脏腑功能的正常。要坚持加强体育锻炼，加快身体的新陈代谢，增加出汗量，运用物理方法排除体内的湿热之气，使内外达到平衡。

按照中医“春养肝”的观点，要抓紧最后的时机调养肝血。肝开窍于目，肝血不足，不能上注于目，则视物不清；肝气郁结化热，上扰头目，则头晕目眩。此时可以按摩胸口的膻中穴，配合呼吸吐纳，边按边吐气，如此可以平缓心悸，疏肝解郁。

夏季高温防暑湿

立夏

立夏表示告别春天，炎热的夏天即将开始。汗为心之液，夏天多汗，易耗心血，易泄心气，所以夏季养生重在养心。饮食上，要注意常食养心安神的食物，如酸枣、茯苓、麦冬、莲子、百合、淡竹叶、柏子仁等，都能起到良好的养心安神的作用。夏季饮食应以清淡、少油腻、易消化为宜，少吃热性的食物，多吃酸味、甜味的食物。这类食物可以清热消暑，增加体内水分，以补充出汗对水分的消耗。

在起居方面，要晚睡早起，晚睡以适应夏热的气候，早起以顺应昼长的规律。衣着方面，夏天出汗多，衣服要轻薄，勤洗勤换。

小满

小满节气，暖湿气流活跃，雨水开始增多，往往会出现持续大范围的强降水，江河渐满。从小满开始，以麦类为主的夏收农作物的籽粒已经结果并渐渐饱满，但是尚未成熟，所以称为小满。

夏季湿重，然而真正的“湿”是由小满节气开始的。体质偏热的人，身体原本就多内热，再遇湿邪，湿热互结更易致病，常表现为食欲不振、口苦胸闷、头重如裹、腹泻腹痛、皮肤发痒等症状。小满时节湿重滞食，饮食以清淡易消化为宜，少食油腻之物，以免碍胃不化。可多食陈皮以消食祛湿，健脾胃。

芒种

芒种节气气温显著升高，雨量充沛，适合种植有芒的谷类作物，正是南方种稻与北方收麦之时。

体质虚弱的人在这个节气感觉最不舒服，因为天气湿热，在虚火与外界湿热的相互作用下，体内虚火会变得更旺，会有口干口渴、失眠烦躁、便秘等水不制火的症状。体质虚弱的人一定要抓住“冬病夏治”的时机，要注意温补体内的阳气，避免外界湿邪干扰。

夏至

夏至是一年中最热的时候，也是湿热最重的季节，高温高湿环境下，汗液蒸发受阻会降低散热效率，迫使身体通过增加心率等方式维持体温，这种额外代谢负担会导致疲劳感，让人没有精神。这时可做做“踮脚尖”的运动，能改善疲惫状态。早上起床时，踮起脚尖踩地板，往前走10小步，再往回走10小步，重复这个动作10分钟，能帮助身体消水肿。

夏至时节可吃一些解暑消渴的食物，如绿豆、薏苡仁、莲藕、冬瓜、丝瓜等，尽量少喝含糖饮料。

小暑

小暑时节，天气开始变热，但还没到最热的时候。这个时候，由于天气炎热，人们极易烦躁不安，易发脾气，或是心火上炎、口舌生疮等，因此要注意防止上火。

饮食上，适当多吃健脾利湿的食物，除了四神汤中的茯苓、莲子、芡实、山药，白扁豆、海带、冬瓜、萝卜、洋葱、赤小豆、紫菜、白果等也是健脾祛湿的好食材。

应尽量避免把空调温度调得太低和长时间吹空调，或是在大汗淋漓的运动之后用洗冷水澡的方法来降温，以避免因汗后受寒而感冒。

大暑

三伏是初伏、中伏、末伏的总称，三伏开始于大暑节气前后，历经立秋、处暑，所以每年的 7 月中旬到 8 月中旬，是一年当中最热的时候。

三伏正是一年中阳气最足的时候，也是身体排除寒湿最好的时机，可以固本扶正，祛除寒湿。比如三伏贴，就是利用“冬病夏治”的原理，在夏天治疗冬天好发的疾病，以预防和减少病症在冬季发作。因为此时人体内的阳气较为充足，皮肤腠理较为疏松，同时可以借助自然界的温热之力，有利于排出体内的寒气及湿气，将属性偏热的药材，贴敷于人体相应的穴位，通过中药对穴位的热刺激，达到调整人体阴阳平衡的效果。这样的做法，对治疗因体质偏湿、偏寒所产生的疾病，例如腹冷经痛、白带淋漓、鼻过敏、肠胃虚寒痛等疗效显著。

秋季润肺祛燥湿

立秋

立秋是秋季的第一个节气，天气依然温热，但早晚渐渐微凉，气候也日渐干燥，燥邪盛，因此有“秋燥”一说。

因此立秋节气保养重点在于补水润燥，养阴生津。在饮食上多吃些当季的蔬菜、水果，对润肺十分有益，如梨、百合、枇杷等。一些养阴的药材也适合此时多用，如燕窝、银耳、白果、山药、沙参、玉竹等。

处暑

处暑，暑气渐渐消退，天气由炎热向凉爽过渡。此时应注意对肺经的保养，避免皮肤腠理开合不利，这样才能帮助身体排出湿气。

补水是秋季养肺的重要环节，可保证肺和呼吸道的润滑。秋季饮水有一定的技巧，不宜一次大量快速地饮水，要缓慢地多次少饮，最好在晨练和晚睡前各饮 200 毫升，白天徐饮 800 毫升左右，有利于肺腑安度金秋。

白露

白露时节，气温开始下降，天气转凉，这是全年最后一个湿气重的节气，如果不注重身体除湿，很容易引起湿病。此时，要注重调理三焦经。

通过调理三焦经，可以行气利水。因此，可选取三焦经上的支沟穴进行按摩，支沟穴具有清泄三焦、疏通活络的功效。取穴时，掌背腕横纹中点上四横指，前臂两筋之间即是本穴。持之以恒，便能让三焦经运行顺畅，不用担心湿邪会入侵体内。

秋分

秋分天气虽然干燥，仍不免会受到湿气的困扰。湿病上身，人就会感觉身体沉重，疲软无力，食欲不佳，面部痤疮，排便黏腻不舒服，舌苔白厚。

秋分时节可以通过按摩神阙穴，帮助身体除湿。神阙穴位于肚脐的正中央，属任脉，是人体精气留存的位置，也是全身经络的枢纽。

寒露

寒露时节，冷空气已经有一定势力，天气由凉爽向寒冷过渡，阴阳之气也开始变化。此时肌肤腠理也随之开合，湿气重的人，在此时便容易患风湿病或关节炎。柔和的拉伸运动，如瑜伽、普拉提、太极拳等可以帮助疏经活络，促进关节的血液循环，也可以帮助祛除身体的湿气。

寒露节气应做到寒暖有道，其最基本的原则就是暖足。所谓“寒露脚不露”，意思就是在寒露过后，要特别注意足部的保暖，以防“寒从足生”。两足离心脏最远，血液供应较少，且足部脂肪较少，容易受寒，因此要养成用温水泡脚的习惯。

霜降

霜降节气含有天气渐冷、初霜出现的意思，是秋季的最后一个节气，也意味着秋天即将结束。此时体内阳气渐渐收敛，阴气渐渐旺盛，很多体内湿重的人会出现手脚冰冷的症状。

霜降节气是进补的好时候，我国民间早有“补冬不如补霜降”之说。体质偏虚的人，应该利用霜降时节好好滋补身体。

霜降时节气温不断下降，此时应适时添衣，并通过锻炼增强体质以预防感冒；宜早睡早起，并养成规律。

冬季养阳祛寒湿

立冬

立冬为冬季的第一个节气，表示冬季开始。立冬节气，大地生寒，天寒地冻，阴盛阳衰，草木凋零，所以冬季养生要顺应阳气潜藏的特点。

日常生活中，宜早睡晚起，待太阳升起再起床，顺应自然规律，避寒就温，保证充足的睡眠，有利于阳气潜藏，阴精蓄积。应衣着适中，过少过薄易感冒耗阳气，反之则腠理开泄，阳气不得潜藏，寒邪易于侵入。

饮食上，应多吃具有御寒功效的食物，进行温补和调养，滋养五脏，促使体内阳气升发，从而温养全身组织，有利于抵御寒邪。注意“少食咸”，因为冬季肾经旺盛，肾主咸，当咸味食物摄入太多时，会使肾水更旺，易引起水肿。

小雪

小雪节气气温下降，温度降到了可以下雪的程度，但大地尚未过于寒冷，就算降雪，雪量也不大，人们可能察觉不到节气的变化。此时如果没有注意防寒保暖，寒邪就会入侵。

中医认为，“头为诸阳之会”，体内阳气最容易从头部散发，如同热水瓶不盖塞子一样，所以，冬季如不重视头部保暖，使阳气散失，寒气入侵，就很容易引发感冒、头痛、鼻炎等疾病。

冬季，寒为主气。俗话说“寒从脚起，冷从腿来”，人的腿脚一冷，全身皆冷，但直接面对寒邪湿邪的，偏偏就是脚底。经常泡脚可以刺激脚部的太冲穴、隐白穴、太溪穴、涌泉穴以及踝关节以下各穴位，有助于在湿冷的冬季滋补元气、壮腰强筋、调理脏腑、疏通经络，也有利于促进新陈代谢以及延缓衰老。

大雪

大雪节气气温骤降，从中医养生学的角度看，大雪已经到了“进补”的大好时节。中医认为，气血充足才能健康长寿，气与血为生命的基础，气血调则五脏安，气血失调则疾病生。

气虚的人很容易乏力，气不足以固表，不耐风寒湿邪气，天冷时容易感冒，养生关键在于补气。在饮食上，可多吃一些补气的食物，如山药、小米、莲子、栗子、羊肉等；而萝卜、柚子、柑橘等食物耗气，要避免食用。

血虚的人面色淡白或萎黄，口唇、眼睑、爪甲色淡，心悸多梦，手足发麻，头晕眼花，需要补血，可常食黑芝麻、桂圆、大枣、乌鸡、动物肝脏等食物，因为这些食物均有补血养血的作用。

冬至

冬至是阴气盛极而衰，阳气开始萌芽的时候。冬至是人体阴阳气交的关键时期。冬令进补可发挥最大效应，促进人体阳气的萌发，使消耗相对减少，适合的食物有萝卜、菇类、菠菜、桂圆、茴香、丁香、当归、银耳、玉米等。

冬至时节，生命运动开始由盛转衰、由动转静。此时更应当科学地运用养生之道，适当调理，保证精力旺盛而预防早衰，达到延年益寿的目的：避免过度劳累，积劳成疾；根据自身情况，调整生活节律，建立合理的生活秩序；利用各种机会进行适当运动，有句谚语，“冬天动一动，少闹一场病；冬天懒一懒，多喝药一碗”，说明了冬季锻炼的重要性。

小寒

小寒时节，我国大部分地区已进入严寒时期，土壤冻结，河流封冻，加之北方冷空气不断南下，天气寒冷，被称作“数九寒天”。寒邪入侵皮肤表层时，会出现风寒感冒，会有恶寒、肢冷、颈项拘急等症状。寒邪入侵经络及筋骨关节时，会出现肢体筋脉拘挛、屈伸不利。寒邪入侵脏腑时，就会伤及阳气。如果体内还有湿气，则寒湿互结，更伤身体。

因此，在小寒时节，务必要做好保暖工作。首先是头部的防风及保暖；其次为颈背部，可以戴围巾，或用搓热的手心按摩后颈；再次为口鼻的保暖，因为口鼻为肺的出入口，寒湿之邪如果通过口鼻侵入肺部，容易导致寒凝咳嗽，如果侵入胃部，就容易引起胃寒冷痛。所以应佩戴口罩，以保暖祛寒。

大寒

大寒为二十四节气的最后一个节气。大寒之所以叫作大寒，是指在这时寒到了顶点。此时，体质偏寒的人很容易复发膝踝关节炎。中医经常会使用祛风通络、散寒除湿的药材，如防风、葛根、秦艽等治疗相应病症。

让身体远离湿气的妙招

打开排湿口，赶走湿气一身轻

人体的经络中有许多排湿的穴位，我们可以把这些穴位视为排湿口。湿邪具有黏滞、不易流动的特点，但是通过敲、拍等方法，可使湿动起来，通过身体的排湿口排出去。

下面介绍5个常见的排湿穴位，敲打这些穴位，打开排湿口，体内的湿气就可以轻松排出。

拍打大鱼际

鱼际穴，属手太阴肺经，从人的手掌正面拇指根部，下至掌根，伸开手掌时明显突起的部位，医学上称其为大鱼际。通过对大鱼际处的拍打，可以把滞留在体内的湿气排出去。每次拍300下，每日2~3次。

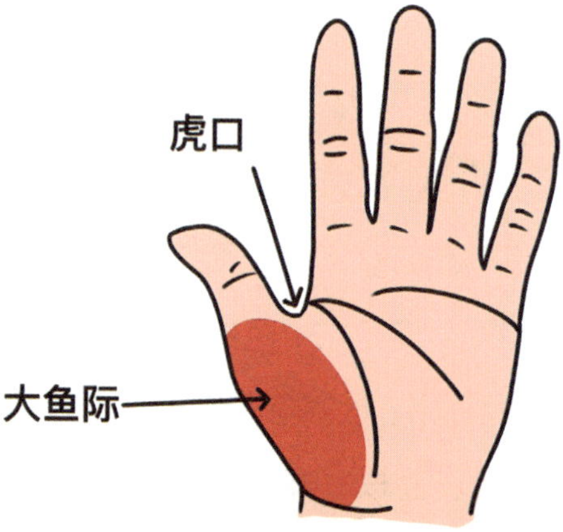

拍打极泉穴

极泉穴位于腋窝顶点，是心经的重要穴位，拍打这个穴位可改善心经血液循环，促使湿气的排出。每次拍打50下，每日2次。

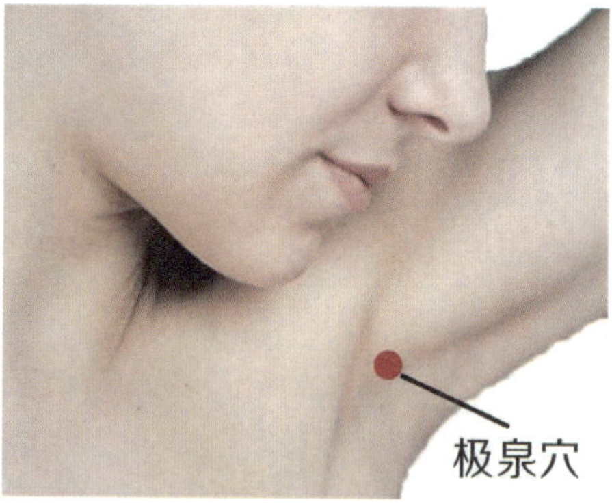

拍打曲池穴

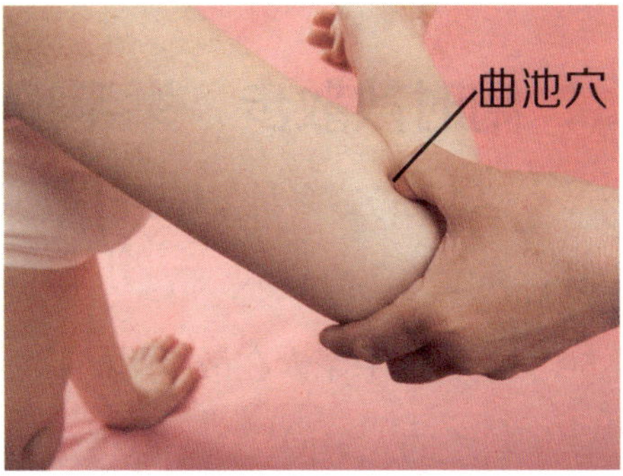

曲池穴位于肘横纹外侧端，屈肘，尺泽穴（在手臂内侧，肘横纹中，肱二头肌肌腱桡侧凹陷处，微屈肘取穴）与肱骨外上髁连线中点，大肠经的湿浊之气聚集于此，能缓解寒湿型痛风性关节炎和湿热型痛风性关节炎的关节性病变，缓解疼痛。每次拍打 200 下，每日 2~3 次。

按揉大横穴

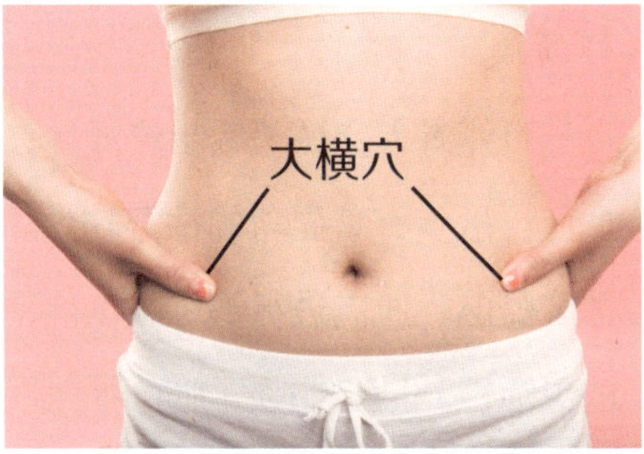

大横穴是足太阴脾经之穴，在腹中部，距脐中 4 寸（食指、中指、无名指三指并拢的宽度为 2 寸），左右各一，有运转脾经水湿之功效，全身的湿气都能由它祛除。用两拇指同时点按左右两侧的大横穴，持续 3~5 分钟；每次按揉 3 分钟，每日 2 次。

敲打委中穴

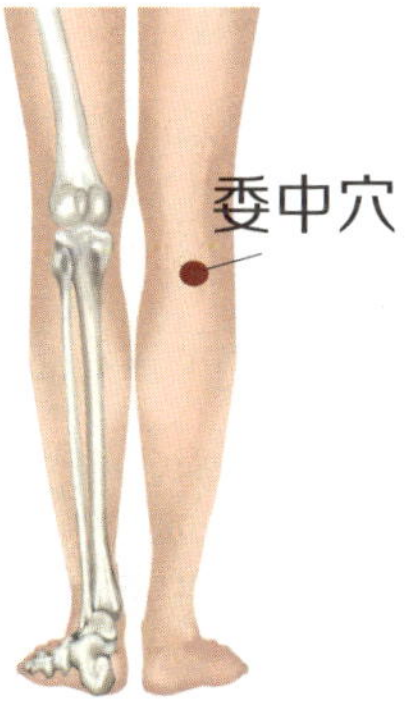

委中穴位于腘窝正中央，经脉的湿热水气在此聚集，是膀胱经的排湿口。下午 3~5 点，膀胱经最活跃，此时刺激委中穴效果最佳。委中穴可用于治疗急性胃肠炎、中暑、腰背痛等。每次敲打约 5~10 分钟，每周 1 次。

闲时散散步，举手投足间湿气除

运动的方式多种多样，而其中最简单、最容易锻炼的莫过于散步了，且对人体的负担最小。散步可以保持正常的心跳频率。举例来说，一个50岁左右的中年人在散步时的脉搏数大概保持在102次/分左右，对于该年龄段的人来说，这个脉搏数是较为理想的。那么每天散步走多少步是适当的呢？青壮年每天7000步~8000步是正常步行量；对于老年人或身体虚弱的人而言，每天5000步~6000步就可以了。散步时间以30分钟~1小时为宜。

可能有人会认为散步流汗少，祛湿的效果也不会好。然而事实并非如此。散步有着显著的祛湿功效。在散步的过程中，四肢自然摆动，对关节骨骼、肌肉进行锻炼，从而使经络疏通，气血和畅，能够保持关节的灵活性。散步加强了肺的换气功能，使呼吸变得深沉。散步能增强心肌收缩力，增加心排血量，使血液循环加快，也就增强了心主血脉、推动血液运行的作用。散步还能促进胃肠道蠕动，增强消化吸收功能，改善食欲。可以看出，散步看似简单，却能锻炼到身体的各部位，促进人体新陈代谢，有助于排除毒素和湿气。

此外，散步不激烈且安全，运动量适中，对于体质较弱，有心脏病、高血压及肥胖又不宜进行大运动量锻炼的人来说，比较合适。

散步时服装以宽松舒适为宜。早晨气温比较低，应适当多穿衣，避免因穿得过少而着凉感冒。穿衣要兼具保暖性与舒适性，不宜穿太小或过分紧身的衣服。此外，散步时宜选择环境舒适、空气质量高的场所，花草茂盛、绿树成荫的花园是理想的场所。这些场所空气清新、氧浓度高，尘土和噪音少，在这里散步，既锻炼了身体，又陶冶了性情。尽量避免在街道及马路边散步。

散步虽属于温和的运动，但对老年人、儿童或有慢性病的患者，均要遵循循序渐进的方式，散步的时间、速度，均要由少而慢开始，逐步延长时间加快速度，以腿脚及全身感到暖和，或者舒适、微汗、微累为度。散步时宜穿软而薄底的轻便鞋，以加大地面对脚底的刺激。

散步的动作要领

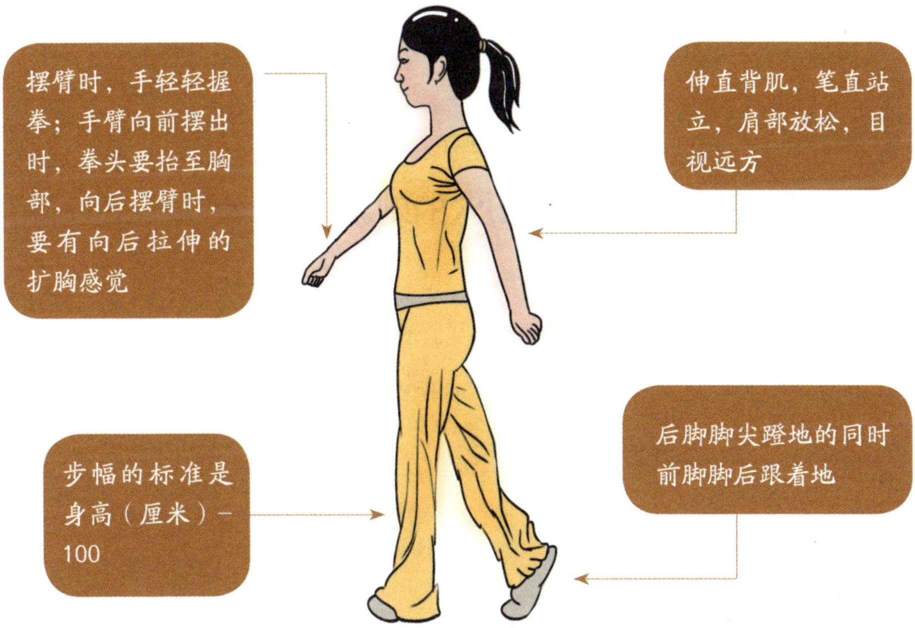

没事站站桩，健脾又祛湿

站桩，是我国古代劳动人民防病治病、养生健身的一种传统功法。早在2000多年前成书的《黄帝内经》中，就有“上古有真人者，提挈天地，把握阴阳，呼吸精气，独立守神，筋肉若一，故能寿蔽天地”的记载。其中“独立守神”就是站桩的方法。

站桩为传统以站立式为主的锻炼功法，通过站桩的锻炼，使全身或局部的松紧度呈持续的静力性状态。这种姿势能调动全身的气机，促进气血的运行，通过“内调”来达到养生的功效。

站桩的方法简便，易学易练，老少皆宜，不受场地、季节、时间、服饰的限制，因此，深受人们的欢迎。

站桩是对涌泉穴、承山穴的刺激

练习站桩时，要将脚跟稍微抬起，重心落在脚掌前1/3处（即涌泉穴），尽量使受力部位更多落于前脚掌、两腿前外侧和小腿肚子上。其中，两腿前外侧受力，能更多地刺激到足阳明胃经，使人体气血通畅；而小腿肚子所受的力，刚好作用于承山穴上，等同于按揉承山穴，也就间接地祛除了湿气。

养生桩站法

做法

1. 两脚张开与肩同宽，脚跟略抬，双膝略屈，以膝盖不超过脚尖为准；两臂弯曲交叉环抱，两手五指自然张开，然后放松全身。

2. 两眼视正前方，略低一点儿；放空身心，静听体会自己的呼吸，排除杂念。

3. 当感到自己的掌心有一种酸麻的感觉时，将胳膊举高或放低，高举时不过眉，放低时不过肚脐，同时两手可以左右调整位置。

功效　调整身心，从根本上解除阳虚所导致的身心问题，健脾祛湿。

注意　站桩时间不宜过长，要循序渐进，初学者站 10 分钟即可，之后可以渐渐加长至 30 分钟。若时间充裕，可加长至 1 个小时左右，但不宜更长。

常练“呼”字功，健脾胃祛湿热

《脾胃论》的作者李东垣认为：“内伤脾胃，百病由生……百病皆由脾胃衰而生。”意思是脾胃功能虚弱，易致邪气侵袭，因此，脾胃湿热是脾胃虚弱，湿邪、热邪袭身所导致的，要预防此类情况发生，需养脾胃，避免脾胃虚弱。

养脾多做“呼”字功

“嘘、呵、呼、呬、吹、嘻”，这六字诀是我国古代流传下来的一种吐纳养生法，“呼”字功是六字诀中的一节，有养护脾胃的作用。

“呼”字功的做法和治病原理

地点 练习“呼”字功，要在空气清新的地方进行。

口型 撮口为管状，舌放平用力前伸，微向上卷。

姿势 直立，双脚分开与肩同宽。两膝微屈，直腰拔背，含胸收腹，头正颈直，两手臂自然下垂，全身放松。

做法 首先用腹式呼吸（吸气时肚子有凸起的感觉，呼气时肚子有扁下去的感觉）调顺自己的呼吸，然后两手手心朝上，自小腹前提起至脐部，并口吐“呼”字，左手外旋上托（掌心朝上）至头顶，右手内旋下按（掌心朝下）至小腹前。呼气尽，开始吸气时，左臂内旋变为掌心向里，从面前下落，同时右臂回旋掌心向里上穿，两手在胸前交叉，左手在外，右手在内，两手内旋下按至腹前，自然垂于体侧。每次练习 6 遍或 10 分钟左右。

治病原理 按照五行相生之顺序，火生土，脾胃属土，应时于四季，开窍于口，因此念“呼”字以补脾胃，脾病可用“呼”字功调理。脾虚、腹胀、腹泻、皮肤水肿、肌肉萎缩、脾胃不和、消化不良、食欲缺乏、便血、女子月经病、四肢疲乏均可练此功治疗。心为脾之母，若“呼”字功练后感到力量不足，为了加强效果，可再做“呵”字功，以加强脾胃的消化功能。若是由于肝气郁热而引起脾胃功能失调，则先用“嘘”字功平肝后，再用“呵”字功补心养心以健脾。

做“嘘”字功时双脚自然分开站立，用鼻子吸气，用口呼气。吸气时可意守前丹田（即肚脐），缓缓吸入气，舌头抵住上腭。呼气时提肛、收腹，缓缓呼出气，同时发出“嘘”音或不发出声音。

做“呵”字功时，呼气念“呵”字，双手掌心向上呈托物状上提，慢慢托起至胸前膻中穴处向外翻掌上抬至眼部，呼气尽。吸气时翻转双手，掌心朝脸部，经胸前慢慢下落，垂放于体侧。随后双手重叠，放在肚脐上，稍作休息，再按以上方法做 6 次为 1 遍。

做“呼”字功时，应轻缓无声，忌大力呼吸。

流汗，排出湿气的最好途径

湿，就是体内水多了，瘀积在体内而成“毒”，进而导致身体出现各种疾病。而流汗，就是排湿的体现。流汗能通经活络，改善人体血液循环，排出体内湿“毒”，从而达到健身防病、延年益寿的功效。

出汗的方法多种多样，可根据自身情况和条件来选择。

运动出汗法

运动出汗排湿是最自然、效果最好的途径。可以选择室外锻炼，也可以选择室内锻炼，地点不是最重要的，关键在于坚持不懈，最好每周至少进行 1 次使身体出汗的有氧运动。

喝粥出汗法

在室温较高时，连续喝 1~2 碗热粥，很快就会出汗，能够排毒、开胃、养脾。这种方法简单安全有效，不过要避免因出汗过多发生虚脱等情况。

泡脚出汗法

将 1 块手掌般大小的老姜切片，连同 2 匙粗盐一起放入锅中，加至少 20 升水，先用大火烧开，再用小火续煮 30 分钟。用小茶壶将已煮好的姜汤趁热装起备用，待水温下降时可随时添加。将剩下的滚烫姜汤倒入木桶中，然后加入冷水，待水温降至 43℃ ~44℃，在桶底放两个高尔夫球（圆石头也可）。坐在椅子上，双脚踩入热姜汤中，水的高度要超过小腿，接近膝盖。泡脚时，一定要双脚脚底踩压高尔夫球，对脚底进行按摩，踩到痛处不能躲开，这样才能起到效果，这时需多踩压按摩。泡脚过程中，如果水温下降，需要及时添加茶壶中的热姜汤，以使温度始终保持在 43℃ ~44℃。

泡脚时选用木质的泡脚桶比较好，这种桶不仅可以保持水温，
而且如果用中药泡脚，还不会影响药效。

泡脚时会大量出汗，此时不要开窗户，不能吹风，更不可吹电扇或空调，否则很容易着凉感冒。刚开始流汗时，汗是没有味道的，连续泡 1 周左右，体内湿毒会随着汗液从皮肤排出，所以会有汗臭现象，不用担心。发汗后要注意不能马上出门，不能立即到通风处或寒凉处，应让汗液慢慢散发，也可用干毛巾将汗擦干。

无论采用哪种发汗排湿的方法，都应先喝 1 杯 300 毫升的温水，并准备好 1 杯淡盐水（粗盐 3 克稀释于 300 毫升温水中），在排汗后饮用，防止流汗过多出现虚脱现象（高血压或肾病、水肿者，不能喝淡盐水，只能喝温开水）。

要注意的是，任何发汗法都要避免出汗过多。因为出汗过多，代表体液过度流失，会发生虚脱现象，严重时甚至会使人晕倒，因此一定要适当控制流汗量。

阴雨天多活动，避免风湿“兴风作浪”

风湿最易侵犯关节、骨骼、肌肉及有关软组织或结缔组织，易出现关节发炎、红肿、疼痛等症状，特别是在持续潮湿、阴冷的天气中，病情控制不好的患者最容易发病或加重症状。

通常来讲，湿度大，温差大，会影响到血液的黏稠度，导致炎症发作。但是，如果本身关节炎控制得较好，天气原因就不一定会造成影响。所以，在低温阴雨的天气，风湿病患者应注意做好保暖，同时也要适当地运动，避免血液运行变差，影响病情。

可随时进行的上肢小运动

坐在椅子上，双臂前伸，手心朝下，然后双手同时向下、向外、向后做类似游泳划水的动作，或者双手同时缓慢向上、向外举高伸展，然后缓缓放下，重复 10~15 次，或以能负荷为度，每天可进行数次。

非常简单的下肢小运动

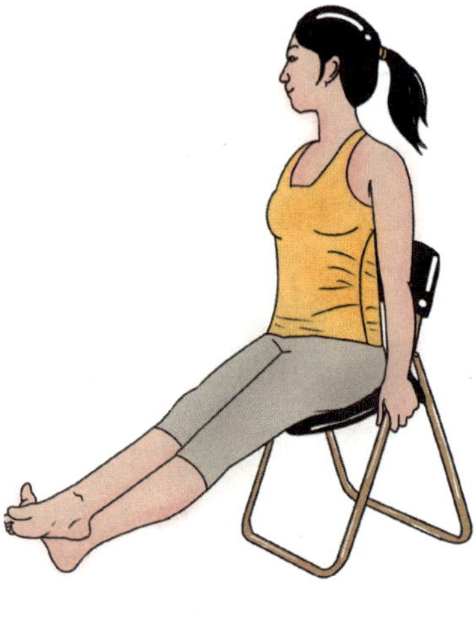

取坐姿或卧姿，上半身不动，双腿交叉伸直，用力向上抬腿，抬至椅子高度或 30~40 厘米高，保持 10 秒后放下，重复 10~15 次，每天可进行数遍。

风湿病患者开始运动时，应先在不引起疼痛的范围内进行；若感到关节或肌肉有僵硬感，可在运动前先做一做按摩，使关节和肌肉放松一些后再开始。

心情好，湿邪不再扰

中医认为，肝主疏泄，负责调整情绪的变化，肝气郁结则情绪失常，肝气条达则心态平和。在水湿的代谢过程中，肝气疏泄，水路畅通，才能将水湿运送到该去的地方。

心情不好，可多听中国传统音乐

音乐可以怡情志，当我们心情不好时，可以听中国的传统音乐，比如《百鸟朝凤》《小放牛》等欢快愉悦的歌曲，心情也会随之变得愉悦起来。

古代将音乐分为角、徵、宫、商、羽五种不同的音阶，并把五音归属于五行，将其分别与五脏对应。通过五音、五行、五脏的内在联系，我们可以选择相应的音乐调理情志，强健身体。比如，宫调的音乐听起来悠扬谐和，可助脾健运，所以食欲不好的人可以常听。我们还可以根据不同的季节选择音乐，如春天木气旺盛，这时候就可以选用属木的角调音乐来养肝。

五音五行五脏的对应关系

五音	角	徵	宫	商	羽
五行	木	火	土	金	水
五脏	肝	心	脾	肺	肾
音乐类型	流畅轻盈	轻快或气势磅礴	庄重典雅	坚实略悲伤	柔和温婉
推荐音乐	《江南好》	《喜洋洋》 《喜相逢》 《步步高》	《春江花月夜》	《将军令》 《走西口》 《十五的月亮》	《二泉映月》 《梁祝》

古方中的祛湿食材

陈　皮（苦温燥湿，易伤阴液，阴虚者忌用）

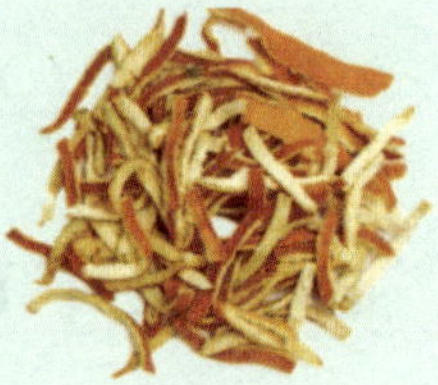

其能芳香醒脾，长于理气健脾，和胃止呕，燥湿化痰。《金匮要略》中记载的橘皮枳实生姜汤，就是用陈皮配枳实、生姜来调理痰湿阻络、胸胁胀满、气塞短气的胸痹轻证。

茯　苓（利水消肿）

其主要功能是渗湿利水，健脾和胃，宁心安神，多用于小便不利、水肿胀满、痰饮咳逆、脾虚食少、心悸不安等。《伤寒论》中记载的五苓散是以茯苓配泽泻、白术等，调理水湿内停引起的水肿、小便不利。

薏苡仁（利水消肿）

其能利水渗湿，健脾止泻。健脾止泻宜炒用，清利湿热宜生用。《太平惠民和剂局方》中记载的参苓白术散，是炒薏苡仁与白术、山药同用来调理脾虚有湿的泄泻。

荷　叶（清暑祛湿）

《本草再新》中记载其能：清凉解暑，止渴生津，解火热。夏季暑热多夹湿，除了发热、口渴的暑热症状外，还会有头昏脑胀、四肢困倦、胸闷呕恶、小便短赤、大便溏泻而不爽等湿阻症状，用荷叶最为对证。

藿　香（辟秽祛湿）

其化湿而不燥热，善于醒脾开胃，理气化湿，和中止呕。鲜藿香解暑之力较强。《太平惠民和剂局方》中记载的藿香正气散，就是用藿香配伍紫苏叶、白芷等来调理暑月外感风寒、内伤湿滞引起的寒热头痛、脘腹痞满等症。

赤小豆（利水消肿）

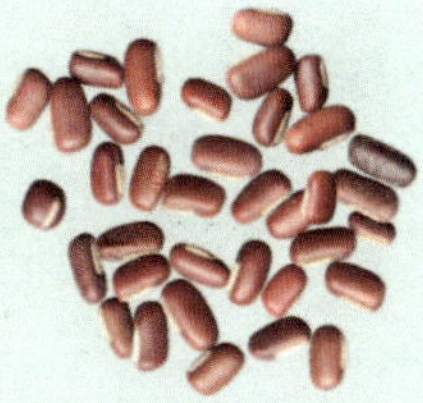

其能使湿热下泄，还有利水消肿、利湿退黄的功效。《神农本草经》中记载赤小豆甘、酸，平，无毒。主下水，排痈肿脓血。下水的意思是促进水液排泄，所以能达到祛湿的效果。

白扁豆（利水消肿）

《中华本草》中记载，白扁豆归脾、胃经，能健脾化湿，和中消暑。常用于脾胃虚弱、食欲不振、大便溏泻、暑湿吐泻、胸闷腹胀等。健脾胃宜炒用，祛暑湿宜生用。

鱼腥草（排湿消痈）

其能清热解毒、消肿疗疮、利尿除湿、清热止痢、健胃消食。《岭南采药录》中记载，用鱼腥草熬汤可以清利湿热。

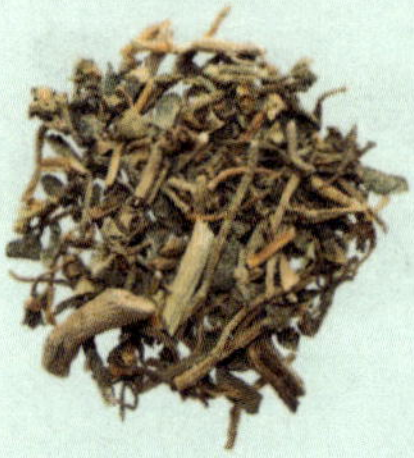

马齿苋（清热祛湿）

其有清热解毒、凉血止血、散瘀消肿、消痈利湿之功，适用于湿热或热毒所致的痢疾、痈肿和淋证等。《滇南本草》记载其能益气，清暑热，宽中下气，润肠，消积滞，杀虫，疗疮红肿疼痛。

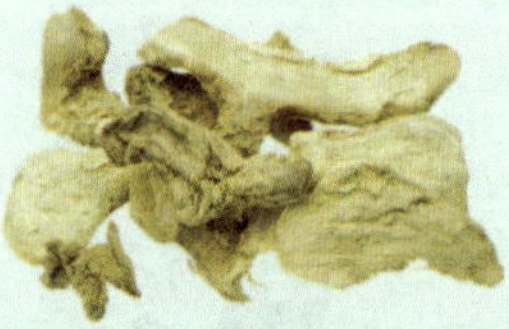

干　姜（温阳化湿）

其辛热燥烈，能温中散寒，燥湿消痰，止呕。《伤寒论》中记载的理中汤，就是用干姜配人参、白术、炙甘草等来调理脾胃虚寒、寒湿内盛等证的。

芡　实（温阳化湿）

《神农本草经》认为，芡实主湿痹，腰脊膝痛，补中，益精气，强志，令人耳聪目明。久服轻身不饥，耐老。芡实善于健脾除湿、涩肠止泻，常用于脾胃虚弱、湿盛下注、久泻不愈等证。

木　瓜（祛风除湿）

此木瓜与水果木瓜不同，是作为药用的宣木瓜。其味酸入肝，益筋和血，能平肝舒筋。肝平则脾胃和，且性温化湿，故又有和中祛湿之效。木瓜是调理腿痛、湿痹、转筋、脚气的要药，调理风湿性关节炎、腰膝酸痛、小腿肌肉痉挛、脚气肿胀等的中药方中经常会用到。

豆　蔻（行气化湿）

本品以温化见长，能温化寒湿，对于寒湿之邪引起的胸闷不适、胃脘胀痛、腹痛便溏等有调理效果。《温病条辨》中记载的三仁汤，就是用豆蔻配薏苡仁、杏仁等来调理湿邪偏重的病证的。

白　术（苦温燥湿，易伤阴液，阴虚者忌用）

本品既能甘温补中，健脾运湿，和胃消食，又能燥湿利水，补虚止汗，适用于脾虚不运、水湿内停、痰饮水肿、湿痹疼痛等证。《本草汇言》讲解白术，强调其扶植脾胃、散湿除痹、消食除痞的功用。

肉　桂（温阳化湿）

《本草纲目》提到肉桂可以除寒痹。寒痹是以寒为主要表现，又夹杂风邪、湿邪，在症状方面多是以痛为特点。肉桂辛热而散寒之力强，所以适合寒痹者。

砂　仁（行气化湿）

其能化湿醒脾，行气温中。凡湿阻或气滞所致之脘腹胀痛等脾胃不和诸症可以使用，尤其是寒湿气滞者最为适宜。《症因脉治》中记载的温胃汤，就是用砂仁配干姜、人参、甘草等来调理气郁湿滞所致的腹痛胀满。

荠　菜（利水渗湿）

荠菜作为药用首见于唐代医药学家孙思邈所著的《千金要方》。荠菜性偏凉，具有清热利湿、凉血止血、清肝明目、健胃消食之效，可调理因湿热导致的泄泻、痢疾、小便不利、目赤疼痛、小儿疳积等。

鲜芦根（清热利湿）

本品能祛湿消暑，宣肺利湿，导邪从小便排出，具有生津而不敛邪，祛湿而不伤阴的特点。《医林纂要》中记载其能渗湿行水，疗肺痈。孙思邈曾给后世留下一张清凉消暑的良方——麦冬芦根汤。

淡竹叶（清热利湿）

本品能上清心火，下导小肠、膀胱经湿热外出，有利尿通淋、清心除烦的功效。古今医籍多有对淡竹叶药用的记载，《本草纲目》记载其去烦热，利小便，除烦止渴；《草木便方》记载其消痰，止渴，治烦热，咳喘。

土茯苓（清热利湿）

土茯苓具有健脾肾、利关节、解毒、祛风、利湿的功效，正如《本草纲目》所记载，其能祛风湿，利关节，治拘挛骨痛。另外，土茯苓也可用于湿热淋浊、带下、痈肿、疥癣等。

积雪草（清热利湿）

本品有清热利湿、解毒消肿的功效，可用于湿热黄疸、中暑腹泻、疔痈肿毒等的调理。《肘后备急方》中记载的老耳水，是岭南特色的药膳方，具有较好的祛暑湿的作用（老耳是积雪草的俗称）。

车前草（利水消肿）

车前草具有清热利尿、渗湿止泻、清肝明目、解毒之功。车前草最早出自《神农本草经》，被列为上品，书中记载其“通癃闭，止疼痛，利小便，除湿痹。久服轻身耐老”。

草　果（温阳化湿）

草果具有燥湿散寒、祛痰截疟、健脾消食的功效。《太平惠民和剂局方》中记载的草果饮，就是用于调理寒湿中阻所致的脘腹胀痛、反胃呕吐、泻痢等。

紫　苏（解表祛湿，发汗解热，抑制流感病毒）

夏季暑湿严重，紫苏气味清香，有发散的作用，用它泡水喝，既能解暑，又有助于祛湿气。夏季的感冒既有风寒又有湿邪，还容易影响食欲，有一个有名的古方——香苏饮，就是专治夏季暑湿感冒的。

第二章

祛痰湿，养脾、肺、肾

痰的产生主要与脾、肺、肾有关。这三个脏器任何一脏功能出现障碍，都会影响津液的通畅运行，导致痰湿的生成。

痰湿者重在养脾、肺、肾，祛湿化痰

痰湿的“痰”并非指呼吸道的分泌物，而是指人体津液的异常积留，属于病理性的产物。痰湿的生成与脾、肺、肾三脏的关系密切，脾、肺、肾运转无力，体内的痰湿就会越积越多，更加阻碍运转。因此，痰湿者重在养脾、肺、肾，祛湿化痰。

形成原因	饮食不节制，吃得过多、过油、过甜；居住环境比较潮湿，或者夏天穿衣较少，或者冒雨涉水等，导致外来的水湿在体内聚集，运化不出去；经常久坐少动
主要症状	以体形肥胖、腹部松软为主要特征，主要表现为面部皮肤油腻多脂、面色暗淡，容易出汗，经常自感胸闷、痰多，眼睑稍有浮肿，口黏腻，喜食肥甘甜黏之品，大便次数多、不成形，小便微浑浊，舌体胖大，舌苔白腻，白天嗜睡，晚上睡眠不实
调养食材	茯苓、白术、大枣、薏苡仁、山药、赤小豆、冬瓜、白扁豆、莲子、陈皮、砂仁、肉桂、干姜、山楂、竹笋、海带、紫菜、海蜇、白萝卜、绿豆芽、枇杷叶、鲫鱼

按揉丰隆穴祛痰湿

丰隆穴属足阳明胃经穴位，别走于足太阴脾经。胃经和脾经的水湿浊气都汇合于丰隆穴。经常按揉这个穴位，能健脾益胃，疏通胃经和脾经的气血，促进水湿津液的输布运化，把脾胃二经上的痰湿排出去，不让痰湿因停滞致病。丰隆穴也称化痰穴，是专门化痰的，既能化有形之痰，又能化无形之痰。

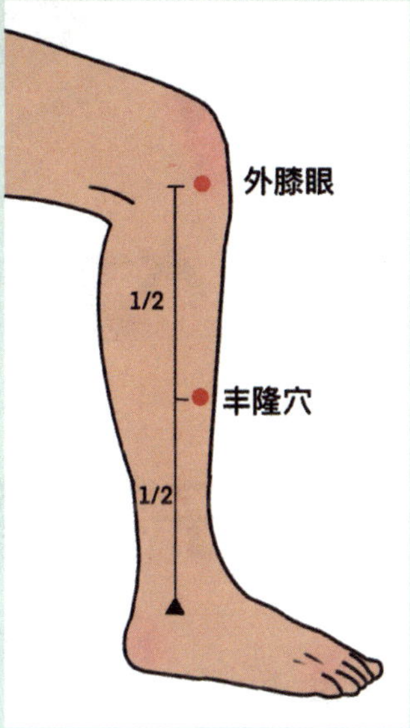

取穴时，正坐，屈膝，垂足，外膝眼（即膝关节髌骨下两边的两个小坑）到外踝尖连线的中点处即为丰隆穴。左右腿各有一穴。

可以用双手的拇指指腹各按于同侧的丰隆穴，同时按揉 20~30 下，每天按摩 2 次，早晚各 1 次。按压力度以有酸胀感、能耐受为佳。

少生气能防痰湿瘀积

人在生气、发怒时，呼吸加快，肺泡扩张，耗氧量加大，肝糖原大量损失，血流加快，血压升高，心跳加速，这对身体健康的影响非常大，如果本身是痰湿体质的人，生气还会促进痰的生成，尤其是生闷气，更容易造成体内痰湿瘀积。因此，痰湿体质者宜保持平和的心态，可根据个人爱好，选择书法、绘画、听音乐、下棋、阅读、弹琴、旅游、种植花草等来放松心情。

冬瓜子仁薏苡仁粥

【出处】《百病饮食自疗》

准备好

冬瓜子仁 30 克，薏苡仁 20 克，粳米 60 克。

这样做

1. 薏苡仁淘洗干净，用清水浸泡 1 小时；粳米淘洗干净。

2. 把薏苡仁、粳米和冬瓜子仁一同放入砂锅中，加 700 毫升清水，大火烧开后转小火煮 45 分钟即可。

【功效】健脾燥湿、化痰，适用于湿痰咳嗽、痰多色白、咳声重浊、胸闷、胃脘部饱胀等。

杏仁陈皮薏苡仁粥

【出处】《百病饮食自疗》

准备好

杏仁 5 克，陈皮 6 克，薏苡仁 30 克，粳米 50 克。

这样做

1. 陈皮掰成小块；薏苡仁淘洗干净，用清水浸泡 1 小时；粳米淘洗干净。

2. 把薏苡仁、陈皮、粳米、杏仁一同放入砂锅中，加 700 毫升清水，大火烧开后转小火煮 45 分钟即可。

【功效】健脾和胃，化痰祛湿，适用于痰浊中阻所致的眩晕、困倦多寐、恶心呕吐、胸闷食少、舌苔白腻等。

茯苓酒酿蛋

【出处】民间验方

准备好

茯苓粉 15 克，酒酿 30 克，鸡蛋 1 个。

这样做

鸡蛋磕入碗中，打散；汤锅中加入 300 毫升清水置火上，放入茯苓粉、酒酿后用中火煮沸，淋入蛋液搅成蛋花即可。

【功效】茯苓健脾祛湿、化痰，酒酿散寒暖胃。这款汤祛湿、化痰、健胃，适合痰湿体寒者服用。

赤小豆薏苡仁莲子羹

【出处】民间验方

准备好

赤小豆 30 克，薏苡仁 30 克，莲子 20 克，黄芪粉 10 克。

这样做

1. 赤小豆淘洗干净，用清水浸泡一夜；薏苡仁淘洗干净，用清水浸泡 1 小时；莲子洗净，用清水泡软。

2. 将泡好的赤小豆、薏苡仁和莲子放入砂锅中，加黄芪粉和 500 毫升清水，大火烧开后转小火煮至软糯黏稠即可。

【功效】赤小豆、薏苡仁、莲子健脾渗湿；黄芪补气，有助于祛湿。此羹在祛湿的同时还能补气，适合痰湿气虚而困倦无力者服用。

陈皮水果汤

【出处】民间验方

准备好

苹果、白梨各 1/2 个，橘子 1 个，冰糖适量，陈皮 10 克。

这样做

1. 苹果、白梨洗净，去蒂、除核，切块；橘子去皮，将果肉分瓣；陈皮用水冲洗一下。

2. 苹果块、梨块、陈皮放入砂锅中，加入没过锅中食材的清水，大火烧开后转小火煮 30 分钟，加橘子瓣略煮，最后下入冰糖煮至化开即可。

【功效】理气健脾，燥湿化痰，适用于食少吐泻和咳嗽痰多者。

芡实薏苡仁燕麦粥

【出处】民间验方

准备好

芡实 20 粒，薏苡仁 40 克，陈皮 10 克，燕麦 30 克。

这样做

1. 芡实洗净，用清水泡软；薏苡仁淘洗干净，用清水浸泡 1 小时；陈皮掰成小块；燕麦淘洗干净。

2. 将芡实、薏苡仁、陈皮、燕麦一同放入砂锅中，加入适量清水，大火烧开后转用小火煮至米粒熟软即可。

【功效】健脾利湿，理气化痰，适用于舌苔白腻、痰多者。

川贝赤豆粥

【出处】民间验方

准备好

川贝母 5 克，赤小豆 30 克，粳米 50 克。

这样做

1. 川贝母用刀背拍碎；赤小豆淘洗干净，用清水浸泡一夜；粳米淘洗干净。

2. 将粳米、川贝母和赤小豆一同放入砂锅中，加入适量清水，大火烧开后转用小火煮至米粒熟软即可。

【功效】清热化痰，消肿除湿，利水，适用于面色晦暗、口甘黏腻者。

冬瓜海带瘦肉汤

【出处】民间验方

准备好

冬瓜 150 克，水发海带 30 克，瘦猪肉 50 克，盐、姜片、香菜末、香油各适量。

这样做

1. 冬瓜去籽，洗净，连皮切块；海带洗净，切菱形片；瘦猪肉洗净，切片。

2. 将冬瓜块、海带、瘦猪肉、姜片一同放入砂锅中，加入没过锅中食材的清水，大火煮沸后用小火煮 45 分钟，加盐、香菜末、香油调味即可。

【功效】清热化痰，利水消肿，适用于平时痰多、舌苔白腻、身形肥胖者。

白萝卜牡蛎汤

【出处】民间验方

准备好

牡蛎肉 25 克，白萝卜 200 克，莲子 15 克，盐、香菜末、姜片、香油各适量。

这样做

1. 牡蛎肉洗净；白萝卜去蒂，洗净，切丝；莲子用清水泡软。

2. 将白萝卜丝、莲子、姜片一同放入汤锅中，加入没过锅中食材的清水，大火煮沸后用小火煮 35 分钟，下入牡蛎肉略煮，加盐、香菜末、香油调味即可。

【功效】利湿泻热，化痰顺气，有助于改善痰湿者有痰不易咯出的症状。

西瓜青滚海蜇皮汤

【出处】民间验方

准备好

西瓜皮200克，海蜇丝100克，海米15克，姜片、盐、葱花、香油各适量。

这样做

1. 西瓜皮除去外面青皮及内层红色柔软部分，切成条；海蜇丝、海米洗净。

2. 将西瓜皮、海米、姜片一同放入汤锅中，加入没过锅中食材的清水，大火煮沸后用小火煮10分钟，放入海蜇丝略煮，加盐、葱花和香油调味即可。

【功效】清热化痰，利水消积，适用于高血压、高血脂、小便混浊者。

丝瓜香菇汤

【出处】民间验方

准备好

丝瓜 250 克，香菇 100 克，葱花、姜片、味精、盐各适量，植物油少许。

这样做

1. 将丝瓜洗净，去皮棱，切开，去瓤，再切成段；香菇用凉水发后，洗净。

2. 起油锅，将香菇略炒，加清水适量煮沸 3~5 分钟，加入丝瓜稍煮，加葱花、姜片、盐、味精调味即成。

【功效】清热化痰，理气健胃，适用于体形肥胖、喜食肥甘者。

五色紫菜汤

【出处】民间验方

准备好

紫菜 5 克，竹笋 10 克，豆腐 50 克，菠菜、水发香菇 25 克，酱油、姜末、香油各适量。

这样做

将紫菜洗净，撕碎；豆腐焯水，切块；香菇洗净、切细丝；菠菜洗净，切小段；竹笋洗净，切细丝，焯水后捞出，沥水备用。锅中加水煮沸，下香菇、竹笋、豆腐、紫菜、菠菜，放酱油、姜末，待汤煮沸时，淋少许香油即可。

【功效】清热化痰，利水除湿，适用于咳嗽痰多、小便微混浊者。

竹笋豆腐汤

【出处】民间验方

准备好

鲜竹笋 200 克，豆腐半块，海米少许，水发黑木耳 4 朵，姜片、盐、香油各适量。

这样做

1. 鲜竹笋剥去外皮，洗净后切成片；豆腐洗净，切小块；木耳去蒂，洗净，撕成小朵。

2. 将竹笋片、黑木耳、海米、姜片一同放入砂锅中，加入没过锅中食材的清水，大火煮沸后用小火煮 20 分钟，下入豆腐块略煮，加盐和香油调味即可。

【功效】清热化痰，益气和胃，利湿减肥，可帮助痰湿者减轻腹部胀满的不适感。

荷叶清粥

【出处】民间验方

准备好

鲜荷叶 1 张，粳米 100 克，冰糖少许。

这样做

1. 鲜荷叶洗净，粳米淘洗干净。

2. 将粳米放入砂锅中，加入适量清水，大火煮沸，将鲜荷叶覆盖在粥面上，改用小火煮 35 分钟，取出荷叶，加冰糖煮至化开即可。

【功效】健脾祛湿，化痰消浊，可帮助痰湿者祛湿消痰、减肥去脂。

粳米车前萝卜粥

【出处】民间验方

准备好

粳米 80 克，车前草 100 克，白萝卜 150 克，大葱 20 克，盐少许，香油适量。

这样做

1. 粳米淘洗干净；车前草洗净；白萝卜洗净，切丝；大葱择洗干净，切段。

2. 粳米放入砂锅中，加入 700 毫升清水，大火煮沸后用小火煮 15 分钟，下入白萝卜丝煮 20 分钟，再放入车前草和葱段煮 5 分钟，加盐和香油调味即可。

【功效】清热解毒、除湿祛痰、利尿。

薏苡仁枇杷粥

【出处】民间验方

准备好

薏苡仁 500 克，鲜枇杷果（去皮）50 克，鲜枇杷叶 10 克。

这样做

1. 薏苡仁淘洗干净，用清水浸泡 1 小时；枇杷果洗净，去核，切小块；枇杷叶洗净。

2. 将枇杷叶放入砂锅中，加适量清水，煮沸 15 分钟后，捞去叶渣，加入薏苡仁煮粥，待薏苡仁烂熟时，下入枇杷果块略煮即可。

【功效】健脾祛湿，化痰止咳，还能调理肺热所致的粉刺。

砂仁陈皮鲫鱼汤

【出处】民间验方

准备好

鲫鱼 1 条，砂仁 3 克，陈皮 3 克，香菜末 20 克，姜片 10 克，盐少许，植物油适量。

这样做

1. 鲫鱼收拾干净，控干水分。

2. 锅中倒油烧热，放入鲫鱼，煎至两面金黄，倒入适量开水，加砂仁、陈皮、姜片，大火煮至汤汁呈奶白色，加盐和香菜末调味即可。

【功效】健脾养胃，祛湿，改善痰湿内阻症状，适合痰湿者饮用。

茶树菇砂仁鸡汤

【出处】民间验方

准备好

净母鸡半只，鲜茶树菇100克，茯苓块20克，砂仁10克，生姜3片，生抽、盐各少许，植物油适量。

这样做

1. 鸡肉洗净，剁成小块，焯水；茶树菇切掉根部，洗净，焯水；茯苓用清水浸泡一夜。

2. 锅中倒油烧热，加姜片炒香，放入鸡肉，淋入生抽翻炒均匀，倒入没过锅中食材的清水，下入茯苓、茶树菇、砂仁，大火煮开后转小火煮40分钟，加盐调味即可。

【功效】健脾理气，化痰除湿，养血，适合有头晕如裹症状的痰湿者食用。

白萝卜生姜汁

【出处】民间验方

准备好

白萝卜 1/2 个，生姜 1 小块，凉开水 200 毫升，蜂蜜少许。

这样做

1. 白萝卜去蒂，洗净，切成小丁；生姜洗净，切成小丁。

2. 将切好的白萝卜和生姜一同放入榨汁机中，加入凉开水和蜂蜜，搅打成口感细滑状即可。

【功效】化痰祛湿，温胃止呕，理肺止咳，特别适合痰湿者食用。

蚕豆鲫鱼粥

【出处】民间验方

准备好

鲜蚕豆瓣 100 克，鲫鱼 1 条，茯苓块 30 克，大米 30 克，白皮蒜半头，盐少许，植物油适量。

这样做

1. 茯苓用清水浸泡一夜；鲫鱼收拾干净，用适量植物油将其煎至两面金黄；大米淘洗干净；蒜去皮，洗净。

2. 将蚕豆、大米、茯苓一同放入砂锅中，倒入没过锅中食材的清水，大火烧沸后放入煎好的鲫鱼，改用小火煮 40 分钟，再放入蒜瓣煮 10 分钟，加盐调味即可。

【功效】健脾和胃，利水消肿，化痰，适合眼睑浮肿、大便不成形的痰湿者食用。

赤小豆冬瓜祛湿汤

【出处】民间验方

准备好

冬瓜 350 克，赤小豆 30 克，盐、白砂糖各少许。

这样做

1. 赤小豆淘洗干净，用清水浸泡一夜；冬瓜去籽，洗净，带皮切块。

2. 将冬瓜块与赤小豆一起放入砂锅中，加入没过锅中食材的清水，大火煮沸后改用小火煮 30 分钟，加盐和白砂糖调味即可。

【功效】健脾除湿，化痰，可用于疲乏、食欲不振、腹胀腹泻、胸闷眩晕者。

白扁豆猪肉汤

【出处】民间验方

准备好

白扁豆 150 克，猪腿肉 50 克，葱花、姜片各适量，盐、香油各少许。

这样做

1. 白扁豆洗净，用清水浸泡 6 小时；猪腿肉洗净，切小丁。

2. 将白扁豆、猪肉丁、姜片一同放入砂锅中，加入没过锅中食材的清水，大火煮开后改用小火煮 30 分钟，加盐、葱花和香油调味即可。

【功效】健脾渗湿，利水化痰，益气，消暑，适合痰湿者食用。

平菇黄瓜汤

【出处】民间验方

准备好

鲜平菇 250 克，黄瓜半根，葱花、姜丝各适量，盐、植物油各少许。

这样做

1. 平菇择洗干净，撕成细条，焯水；黄瓜去蒂，洗净，切片。

2. 锅中倒油烧热，炒香姜丝，放入焯好的平菇翻炒均匀，倒入没过锅中食材的清水，大火煮沸，下入黄瓜片煮 2~3 分钟，加盐、葱花调味即可。

【功效】益气祛湿，养胃润肺，治风化痰，适合气血亏虚、经常乏力的痰湿者食用。

洋葱番茄汤

【出处】民间验方

准备好

洋葱 1 头，番茄 1 个，葱花、香菜末各适量，盐、植物油各少许。

这样做

1. 洋葱择洗干净，切小块；番茄去蒂，洗净，切块。

2. 锅中倒油烧热，炒香葱花，放入洋葱和番茄翻炒均匀，倒入没过锅中食材的清水，大火煮开后改用小火煮 20 分钟，加盐和香菜末调味即可。

【功效】健脾利湿，祛痰化浊，散瘀解毒，尤其适合患糖尿病、高脂血症的痰湿者饮用。

第三章

祛寒湿，宜固护阳气

寒湿不仅是一种证候，也是一种致病因素，容易阻碍气机运行，损伤阳气，伤遍全身。正因为寒湿阴邪最易伤阳，所以应以固护阳气贯穿祛寒湿之始终。

寒湿者重在祛寒燥湿提阳气

湿气重了可以生寒，湿与寒又容易联合形成寒湿。寒湿侵袭人体，会伤及卫阳（卫阳即卫气，是行于脉外而具有保卫作用的气），或伤及肺阳气，或伤及脾胃阳气，或伤及心阳，或伤及肾阳，或伤及肝阳，或多脏阳气受伤。因此，寒湿者重在祛寒燥湿提阳气。

形成原因	先天阳气不足；爱吃各种生冷食品，如冰激凌、冰镇饮料；衣着喜欢露脚踝、露膝盖、露脐、露肩、露背；久坐不动，缺乏运动
主要症状	形体肥胖，体味较大，舌苔白腻，形寒肢冷，四肢关节疼痛，出冷汗，爱打喷嚏、流鼻涕，身体浮肿，容易长湿疹、白癜风、牛皮癣等；女性痛经、小腹发凉；不爱动，喜温暖，喜夏厌冬；腹胀、腹泻、腹痛，不能吃冷食；大便次数多、不成形，腹泻、五更泻，尿量多且色清如水
调养食材	羊肉、牛肉、鸡肉、猪肚、赤小豆、山药、韭菜、香菜、大枣、高良姜、葱、蒜、花椒、小茴香、白术、砂仁、草果、肉桂等

防寒湿，护好这些部位

头部

头为“诸阳之会”，冬天不戴帽子或突遭雨淋，寒湿就会侵袭头部，出现头晕、头部沉重、头痛的感觉。晚上洗头后湿着头发睡觉，寒湿也容易侵入人体，应把头发擦干晾干或用吹风机吹干后再睡觉。

肩颈背部

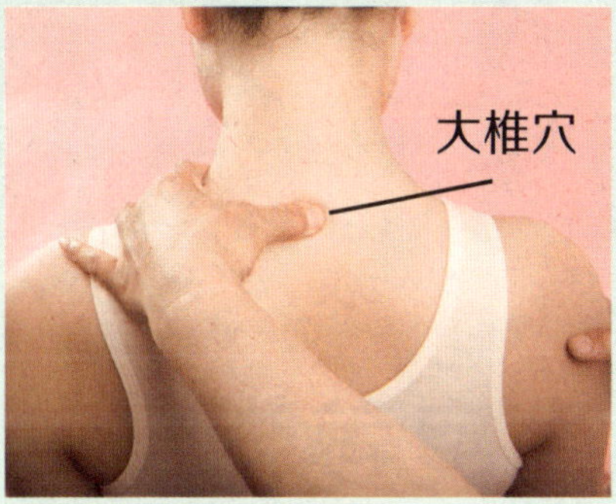

此处受寒日久，可引起背痛、颈椎病、肩周炎等病症。经常按摩大椎穴（低头时摸到的颈部高骨，其下缘便是大椎穴）可振奋阳气。最简单的方法是将双手掌心搓热后捂在大椎穴上，或者在洗澡时用热水冲淋大椎穴 5 分钟。天冷外出时最好穿个马甲或戴上围巾。

前胸和腰腹

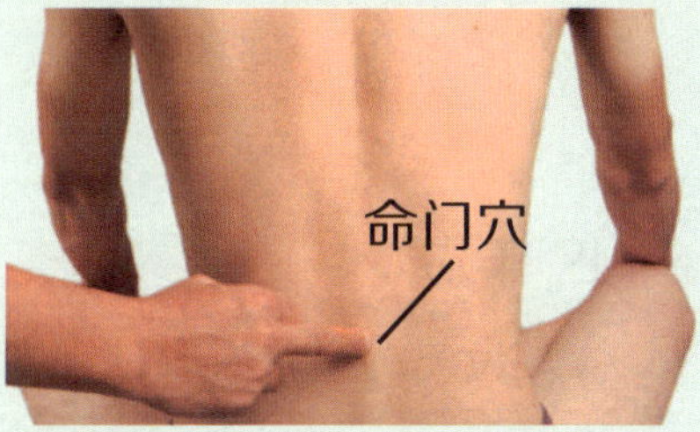

前胸有膻中穴，长期受寒可引发乳腺结节等症；腰部有命门穴，受寒会引起腰痛；腹部有神阙穴（即肚脐处），穿衣露脐会导致腹泻、腹痛等。

腿脚

中医认为，“寒从足下生，病从寒中来”，有些人喜欢在寒凉的季节露脚踝或光着腿，很容易诱发老寒腿、膝关节炎等。建议常用温水泡脚，以促进腿脚的血液循环。双脚怕冷的人，睡觉时可以把袜子穿上。

高良姜粥

【出处】《食医心鉴》

准备好

高良姜 10 克，粳米 100 克。

这样做

1. 高良姜洗净，放入砂锅中，倒入没过姜的清水，大火烧开后改用小火煮 30 分钟，去渣取汤；粳米淘洗干净。

2. 汤中放入淘洗好的粳米，再倒入适量清水，小火煮至米粒熟烂即可。

【功效】祛寒湿，温脾胃，适用于寒湿引起的脘腹冷痛、吐泻等。

豆蔻粥

【出处】《圣济总录》

准备好

肉豆蔻粉 5 克，姜粉 2 克，粳米 80 克。

这样做

粳米淘洗干净，放入砂锅中，加入足量的清水，大火烧开后改用小火煮 40 分钟至粥稠，加肉豆蔻粉、姜粉略煮即可。

【功效】温中健脾，开胃消食，适用于脾胃虚冷疼痛、呕逆不下、宿食不化、泻痢等人群。

花椒粥

【出处】《食疗本草》

准备好

花椒粒 3 克，粳米 80 克，姜末、葱末各适量，盐、香油各少许。

这样做

1. 花椒粒用无油的炒锅焙干，凉凉，擀碎；粳米淘洗干净。

2. 粳米和姜末一同放入砂锅中，加入足量的清水，小火煮至米粒熟烂，加盐和香油调味，撒上花椒末、葱末即可。

【功效】温中散寒，除湿止痛，杀虫解毒，适用于脾胃寒湿凝滞引起的吐泻、腹痛。

小茴香粥

【出处】《本草纲目》

准备好

小茴香 3 克，粳米 80 克，盐、香油各少许。

这样做

1. 小茴香用无油的炒锅焙干，凉凉，擀碎；粳米淘洗干净。

2. 粳米放入砂锅中，加入足量的清水，小火煮至米粒熟烂，加盐和香油调味，撒上小茴香碎即可。

【功效】散寒止痛，理气和胃，适合脘腹冷痛、食少吐泻、胁痛、肾虚腰痛、痛经等人群食用。

砂仁粥

【出处】《老老恒言》

准备好

砂仁 5 克，粳米 80 克，盐、香油各少许。

这样做

1. 砂仁捣碎，粳米淘洗干净。

2. 粳米放入砂锅中，加入足量的清水，大火烧开后改用小火煮 30 分钟，放入捣碎的砂仁，继续煮 10 分钟，加盐和香油调味即可。

【功效】化湿醒脾，行气温中，常用于湿浊中阻或气滞所致的脘腹胀痛、呕吐泄泻等脾胃不和证，对寒湿气滞更为有效。

薏苡仁芡实猪肚粥

【出处】民间验方

准备好

薏苡仁 30 克，芡实 20 克，大米 50 克，熟猪肚 100 克，盐、鸡精、胡椒粉各 2 克，葱花适量。

这样做

1. 芡实用清水泡软；薏苡仁淘洗干净，用清水浸泡 1 小时；大米淘洗干净；猪肚切小块。

2. 将薏苡仁、芡实、大米一同放入砂锅中，加入足量清水，大火烧开后转小火煮 40 分钟，下入猪肚略煮，加盐、鸡精、胡椒粉和葱花调味即可。

【功效】健脾利湿，养胃补气，有祛寒生阳的作用。

炮姜桃仁粥

【出处】民间验方

准备好

炮姜 3 克，艾叶 3 克，桃仁 5 克，大米 70 克。

这样做

1. 将炮姜和艾叶洗净，放入砂锅中，倒入适量清水，大火烧开后改用小火煮 30 分钟，去渣取汁。

2. 大米、桃仁一同放入汤锅中，倒入药汁和适量清水，小火煮至米粒熟烂即可。

【功效】温里散寒，养血护肝，化瘀除湿，可用于寒湿凝滞型痛经。

生姜肉桂虾仁汤

【出处】民间验方

准备好

肉桂 5 克，薏苡仁 30 克，虾仁 100 克，猪瘦肉 50 克，姜片 15 克，葱花适量，盐、香油各少许。

这样做

1. 薏苡仁淘洗干净，用清水浸泡 1 小时；虾仁洗净；猪瘦肉洗净，切小块。

2. 将薏苡仁、肉桂、猪肉丁、姜片一同放入砂锅中，加入没过锅中食材的清水，大火烧开后改用小火煮 50 分钟，再放入虾仁煮 10 分钟，加盐、葱花和香油调味即可。

【功效】温里散寒，祛湿养胃，活血化瘀。

花椒羊肉汤

【出处】民间验方

准备好

花椒粒 3 克，姜片 15 克，当归 20 克，羊肉 350 克，盐少许，葱花、胡椒粉各适量。

这样做

羊肉洗净，切块，与花椒粒、姜片、当归一起放入砂锅中，加入没过锅中食材的清水，大火煮沸后改用小火煮 1 小时，加盐、葱花和胡椒粉调味即可。

【功效】暖中补虚，益肾补阳，祛风除湿。

酸辣汤

【出处】民间验方

准备好

水发黑木耳3朵，鸡蛋1个，豆腐皮50克，胡萝卜1小块，香菜末、水淀粉各适量，白胡椒粉1/4茶匙，陈醋1汤匙，盐1克，酱油、香油各少许。

这样做

1. 黑木耳去蒂，洗净，切丝；鸡蛋磕入碗中，打散；豆腐皮切细丝；胡萝卜洗净，切丝；白胡椒粉倒入小碗内，加醋调匀。

2. 木耳丝、豆皮丝、胡萝卜丝放入汤锅中，加入适量清水烧开，加酱油、盐调味，淋入蛋液搅匀，加入冲开的白胡椒粉和醋。

3. 淋入水淀粉勾薄芡，撒上香菜末，淋上香油即可。

【功效】散寒温中，适用于寒湿腹泻者。

草果排骨汤

【出处】《中国药膳》

准备好

草果10克，排骨350克，荔浦芋头150克，姜片、葱花、黄酒各适量，盐、香油各少许。

这样做

1. 草果捣碎；排骨剁段，洗净，用沸水焯去血水；芋头削皮，洗净，切块。

2. 将排骨、草果碎、姜片一同放入砂锅中，加没过锅中食材的清水，大火烧开后转小火煮至排骨七成熟时，下入芋头煮至熟软，加盐、黄酒、葱花和香油调味即可。

【功效】温中健脾，燥湿和胃，适用于脾虚湿重、头身困重、食少便溏、脘痞腹胀、关节重痛等症。

大蒜煲花生

【出处】民间验方

准备好

大蒜瓣 100 克，花生米 150 克。

这样做

1. 花生米挑去杂质，洗净，用清水浸泡 3~4 小时；大蒜瓣去皮，洗净。

2. 花生米和蒜瓣一同放入砂锅中，加入适量清水大火烧开，转小火煲至花生米熟软即可。

【功效】开胃健脾，祛寒除湿，适用于脾虚寒湿、下肢浮肿、紫癜、慢性牙龈出血、鼻衄等症。

陈皮大枣汤

【出处】民间验方

准备好

陈皮 1 块，大枣 10 个。

这样做

1. 大枣洗净，去核；陈皮洗净浮尘。

2. 将大枣和陈皮一同放入砂锅中，加入没过锅中食材的清水，大火烧开后转小火煮 20 分钟，吃大枣饮汤即可。

【功效】健脾和胃化湿，适用于有寒湿发黄、身不热、口不渴、身目发黄、面色晦暗、四肢不温、腹泻清冷等症状的人群。

高良姜炖牛肉

【出处】民间验方

准备好

高良姜 10 克，牛肉 400 克，胡萝卜 1 根，香菜末适量，盐少许。

这样做

1. 牛肉洗净，切块，用沸水焯烫去血水；胡萝卜去蒂，洗净，切滚刀块。

2. 高良姜洗净浮尘，放入砂锅中，加适量清水大火烧开，转小火煎煮 40 分钟，挑拣出高良姜，放入牛肉小火炖至八成熟时下入胡萝卜块炖熟，加盐和香菜末调味即可。

【功效】祛寒湿，温脾胃，适用于寒湿所致的吐泻、脘腹冷痛。

砂仁炖羊肉

【出处】民间验方

准备好

羊肉250克，砂仁30克，料酒20克，姜片、香菜末、胡椒粉各适量，盐、植物油各少许。

这样做

1. 将砂仁装入调料袋中，扎紧袋口；羊肉洗净，切成厚片。

2. 锅中倒油烧热，炒香姜片，放入羊肉煸炒至变色，淋入料酒和适量清水，大火烧开后转小火煮45分钟，取出调料袋，加盐、胡椒粉、香菜末调味即可。

【功效】温中散寒，健脾和胃，适用于脾胃寒湿所致的腹胀冷痛、呕吐泄泻、反胃食少等。

赤小豆鸽肉汤

【出处】民间验方

准备好

赤小豆 50 克，净嫩鸽 1 只，姜片、料酒各适量，盐少许。

这样做

1. 赤小豆淘洗干净，嫩鸽用沸水焯烫去血水和腥味。

2. 取砂锅，放入赤小豆、嫩鸽、姜片、料酒，倒入没过锅中食材的清水，大火烧开后转小火煮 1 小时，加盐调味即可。

【功效】补脾利水，适用于脾虚或寒湿所致的虚羸、水肿、食少。

豆蔻猪肚汤

【出处】民间验方

准备好

豆蔻 15 克，猪肚 250 克，料酒、胡椒粉、葱花各适量，酱油、盐各少许。

这样做

1. 猪肚收拾干净，焯水后切条。

2. 把猪肚、豆蔻放入砂锅中，倒入没过锅中食材的清水，淋入料酒、酱油，大火煮沸后改用小火煮 50 分钟，加盐、葱花和胡椒粉调味即可。

【功效】温补脾胃，燥湿行气，开胃助食，可有效改善脾胃虚寒气滞、消化不良等症状。

焦山楂粥

【出处】民间验方

准备好

焦山楂 40 克，大米 80 克，白糖少许。

这样做

1. 焦山楂放入砂锅中，加水 500 毫升，浸泡 20 分钟，大火煎沸后，再小火煎 30 分钟，过滤取汁，再加温水 300 毫升，煎 20 分钟，将两次的煎汁混合。

2. 大米淘洗干净，与煎汁一同放入砂锅中，再加适量清水煮成米粒熟烂的稀粥，加白糖调味即可。

【功效】消食健胃去积滞，行气散瘀而不伤正，适用于虚寒、寒湿之痢疾，不宜用于湿热痢。

芡实莲子粥

【出处】民间验方

准备好

芡实、去芯莲子各 8 克，大米 50 克。

这样做

1. 芡实用清水浸泡 3 小时，大米淘洗干净。

2. 将芡实、莲子和大米一同放入砂锅中，加入适量清水，大火煮开后转用小火煮 1 小时至米粥软烂即可。可每 3 天服用 1 次。

【功效】健脾祛湿，适合寒湿体质的儿童食用。

艾叶大枣鸡蛋汤

【出处】民间验方

准备好

干艾叶 30 克，大枣 8 个，鸡蛋 2 个，红糖适量。

这样做

1. 艾叶洗净；大枣洗净，去核；鸡蛋洗净蛋壳表面的脏污。

2. 把艾叶、大枣、鸡蛋一同放入砂锅中，加入没过锅中食材的清水，大火烧开后改用小火煮 10 分钟，取出鸡蛋去壳，再把鸡蛋放回锅内煮 15 分钟，加红糖调味即可。

【功效】理气血、逐寒湿、温经，特别适合降温下雨的天气，能扶正祛邪，散寒祛湿。

红油小白菜粉条汤

【出处】民间验方

准备好

小白菜 150 克，红薯粉条 1 小把，姜末、辣椒油各适量，盐、鸡精各少许。

这样做

1. 小白菜择洗干净，切段；红薯粉条剪成易于入口的长度。

2. 将红薯粉条、姜末放入汤锅中，加入适量清水煮开，转小火煮 10 分钟，下入小白菜煮至断生，加盐、鸡精和辣椒油调味即可。

【功效】散寒止痛，温燥化湿，可有效缓解因脾胃寒湿内阻所致的脘腹冷痛、吐泻。

牛肚汤

【出处】民间验方

准备好

牛肚 250 克，小茴香、桂皮、胡椒粒各 3 克，生姜 3 片，料酒、香菜末各适量，盐、辣椒油各少许。

这样做

1. 牛肚收拾干净，焯水后切条。

2. 把牛肚、姜片、小茴香、桂皮、胡椒粒一同放入砂锅中，倒入没过锅中食材的清水，淋入料酒，大火煮沸后改用小火煮 1 小时，加盐、辣椒油和香菜末调味即可。

【功效】健脾养胃，散寒理气，适用于脾胃寒湿或虚寒所致的脘腹胀满、饮食积滞不下、消化不良、反胃等。

白胡椒白萝卜虾皮汤

【出处】民间验方

准备好

白胡椒 10 粒，白萝卜 200 克，虾皮 1 小把，生姜 2 片，香菜末适量，盐、香油各少许。

这样做

1. 白胡椒捣碎；白萝卜去蒂，洗净，切丝。

2. 将白萝卜丝、姜片放入汤锅中，加入没过锅中食材的清水，大火烧开后改用小火煮 10 分钟，放白胡椒碎、虾皮煮至白萝卜丝熟软，加盐、香油和香菜末调味即可。

【功效】暖胃益气，散寒祛湿。

韭菜虾仁蛋花汤

【出处】民间验方

准备好

韭菜1小把，虾仁6只，鸡蛋1个，姜末适量，盐、植物油各少许。

这样做

1. 韭菜择洗干净，切末；虾仁洗净，切碎；鸡蛋磕入碗中，打散。

2. 锅中倒油烧热，炒香姜末，放入虾仁略炒，下入韭菜翻炒均匀，倒入适量清水烧开，淋入蛋液搅成蛋花，加盐调味即可。

【功效】温补气血，温肾助阳，祛寒祛湿，适合寒湿体质者在寒冷的冬季食用，能改善怕冷、手脚冰冷的症状。

第四章

祛风湿，扶正祛邪最关键

风湿在中医学里属“痹证”的范畴。痹证的发生往往是在身体虚弱的情况下，感受自然界的风、寒、湿、热等邪气所致。身体感受外邪后，阻滞经络，气血运行不畅就会出现关节疼痛肿胀的表现。“祛邪”是调理风湿的基本方法，同时还要“扶正”，“扶正”才能达到更好的“祛邪”目的。

风湿者重在祛风寒湿、补正气

人体如果同时受到风、寒、湿这三种外邪的侵袭，就会形成风湿。如果正气不固，脏腑功能失常，气血不调，就容易得风湿，但只要阴阳调和，正气乃固，风湿就能得到很好的控制。日常要注意防风、保暖、祛湿，不受风寒湿的外邪侵袭，就不易患上风湿。因此，风湿者重在祛风寒湿、补正气。

形成原因	居住环境冰冷潮湿，长时间待在空调房里，经常光脚在冰冷的地板上行走，穿湿衣湿袜，贪吃冰凉生冷食物，多雨、秋冬交替季节没有做好防潮保暖
主要症状	头涨，头痛，头沉重如裹，眼睛干涩，舌色紫黯，苔薄白，食欲不振，大便不成形，皮肤出现红斑、荨麻疹，肌肉酸痛，肢体麻木，关节红肿疼痛，关节僵硬、畸形，手脚、膝、腰部及后背疼痛，发热，疲乏无力
调养食材	当归、黄芪、木瓜、薏苡仁、桑椹、樱桃、葡萄、葱白、黄鳝、枸杞子、大枣、白扁豆、绿豆、苦瓜、马齿苋、丝瓜、豆腐、芹菜、山药、香菇、黑木耳等

晒太阳对风湿病有益

中医认为，风寒湿邪是导致风湿病的主要病因。患有风湿病的人体内寒湿较重，除了通过药物祛除寒湿外，晒太阳有助于振奋体内阳气，以排出风寒湿邪气，能减轻关节的疼痛感，从而提高对风湿病的疗效。户外是晒太阳的最佳地点。如果在自己家的阳台上晒太阳，一定要打开窗户，让阳光直接照射在皮肤上。晒太阳的最佳时间为上午 10 点左右和下午 3 点左右，夏季午后晒太阳的时间可推后至下午 5 点或下午 6 点。每次晒半小时左右即可，切不可持续晒 2 至 3 个小时，甚至更长时间。

晒太阳时宜多晒晒背部，补充阳气的效果更好，可提高抵御风寒湿邪的能力。

祛风除湿保健操

动作 1：取站姿，双手交叉放在头顶，然后缓缓低头，再缓缓抬头，重复做 10~20 次。

动作 2：取站姿，双手交叉放在颈后，然后分别向左右两边转动身体，重复做 20~30 次。

动作 3：取站姿，弯腰，两手轻拍同侧的小腿外侧，拍 20~30 下。

这套保健操能促进风寒湿气排出体外，可使经脉气血通畅、关节疏利，对预防和调理风湿病有益。

薏苡仁炖猪蹄

【出处】《中国药膳学》

准备好

薏苡仁 50 克，猪蹄 2 个，料酒适量，盐少许。

这样做

1. 薏苡仁淘洗干净；猪蹄收拾干净，剁块，用沸水焯烫去血水。

2. 将薏苡仁和焯烫好的猪蹄一同放入砂锅中，加入料酒和没过锅中食材的清水，大火烧开后改用小火煮至猪蹄熟烂，加盐调味即可。

【功效】健脾利湿，除痹缓急，适用于风湿痹痛、肢体痿重、筋脉拘挛、水肿脚气等症。

干姜茯苓粥

【出处】《百病饮食自疗》

准备好

干姜 5 克，茯苓 15 克，粳米 80 克，大枣 5 枚，红糖适量。

这样做

1. 大枣洗净；粳米淘洗干净；将干姜、茯苓一同放入砂锅中，加入适量清水烧开，改用小火煮 30 分钟，去渣取汁。

2. 把粳米、大枣放入砂锅中，倒入煎汁和适量清水，小火煮至米粒熟软，加红糖调味即可。

【功效】祛寒除湿，温经通络，适用于寒湿腰痛，冷痛重着，遇阴雨天加剧者。

川芎白芷鱼头汤

【出处】《家庭食疗手册》

准备好

川芎3克，白芷6克，花鲢鱼头1个，葱花、姜片、黄酒各适量，盐、植物油各少许。

这样做

1. 鱼头收拾干净，洗净；川芎、白芷装进纱布袋中，扎紧袋口。

2. 锅中倒油烧热，放入鱼头，两面煎至色泽金黄，加姜片、盐、黄酒、川芎、白芷，倒入没过鱼头的清水，烧沸后转用小火炖至鱼头熟透，撒上葱花即可。

【功效】祛风除湿，适用于诸风上攻、头目昏重、偏正头痛、鼻塞身重、肢体烦痛、肌肉颤动等症。

木瓜粥

【出处】民间验方

准备好

干宣木瓜片 10 克，宣木瓜 1/2 个，粳米 80 克，姜汁、蜂蜜各少许。

这样做

1. 宣木瓜去皮、籽，洗净，切小丁；粳米淘洗干净。

2 将干宣木瓜片放入砂锅中，加 350 毫升清水，浸泡 5~10 分钟，水煎 30 分钟后取汁，加粳米和适量清水煮粥，煮至米粒九成熟时下入宣木瓜丁，煮至宣木瓜和米粒均熟软，加姜汁和蜂蜜调味即可。

【功效】祛风通络，散寒除湿，适用于行痹，肢体关节疼痛，游走不定，屈伸不利等症。

牛膝茎叶粥

【出处】《常见病食疗食补大全》

准备好

干牛膝茎叶 20 克，粳米 80 克，甘草少许。

这样做

1. 牛膝茎叶洗净，放入砂锅中，加入适量清水烧开，再用小火煮 20 分钟，去渣取汁。

2. 粳米淘洗干净，与甘草一同放入砂锅中，倒入煎汁和适量清水，小火煮至米粒熟软即可。

【功效】适用于风寒湿痹、腰膝酸痛、关节不利及风湿性关节痛、风湿性腰腿疼痛等症。

黑豆山楂粥

【出处】民间验方

准备好

大米 70 克，山楂 20 克，黑豆 30 克，白糖 3 克。

这样做

1. 大米、黑豆均洗净，泡发；山楂洗净，切成薄片。

2. 锅置火上，加入清水，放入大米、黑豆煮至米、豆均绽开。加入山楂片煮至粥浓稠，调入白糖拌匀即可。

【功效】适用于水肿胀满、风湿痹痛、关节不利及痈肿疮毒等症。

紫苏姜糖茶

【出处】民间验方

准备好

鲜紫苏叶 10 克（干紫苏 5 克），老姜 3 片，清水 500 毫升，红糖适量。

这样做

紫苏叶洗净，撕成小片。锅中加入清水，放入姜片，大火煮沸后转小火煮 10 分钟，加入紫苏叶，继续煮 3~5 分钟，关火，加入红糖搅拌融化，晾至温热饮用即可。

【功效】散寒祛湿，可驱散关节寒湿，缓解冷痛、僵硬，适用于遇冷加重的风寒湿痹。

鲮鱼丸汤

【出处】《膳食保健》

准备好

鲮鱼 1 条，草菇 50 克，油菜心少许，鸡蛋清 1 个，盐 4 克，葱花、鸡精、香油各少许。

这样做

1. 鲮鱼宰杀后洗净，去骨、去皮取肉，用刀背捶成鱼蓉，加 2 克盐、鸡精、鸡蛋清，搅打成鱼胶状待用；草菇、油菜心洗净。

2. 锅置火上，倒入适量清水烧开，将打好的鱼胶挤成鱼丸，边挤边下锅，待开锅后捞出，锅内再加清水烧开，放入鱼丸、草菇、油菜心，加 2 克盐、香油和葱花调味即可。

【功效】益气血，祛风湿，适用于风寒湿痹、关节不利等症。

松叶粥

【出处】《太平圣惠方》

准备好

松叶 30 克，粳米 80 克。

这样做

1. 松叶洗净，切碎，放入砂锅中，加入适量清水煮开，再用小火煮 25 分钟，去渣取汁。

2. 粳米淘洗干净，放入砂锅中，倒入煎汁和适量清水，小火煮至米粒熟软即可。

【功效】祛风燥湿，适用于风湿痿痹及湿疮浮肿等症。

胡椒根鸡肉汤

【出处】《家庭食疗手册》

准备好

胡椒树根 100 克，鸡肉 250 克，姜片、葱花、黄酒各适量，盐、香油各少许。

这样做

胡椒树根、鸡肉分别洗净，切段，一同放入砂锅中，加姜片、盐、黄酒和没过锅中食材的清水，煮开后用小火煮至鸡肉熟透，加香油和葱花调味即可。

【功效】祛风湿、舒筋活络，适用于风湿性关节炎、类风湿关节炎、中风后半身不遂等。

桑寄生煮鸡蛋

【出处】《饮食疗法》

准备好

桑寄生 30 克，鸡蛋 2 个，冰糖少许。

这样做

洗净鸡蛋表面的脏污，与桑寄生一同放入砂锅中，加入没过锅中食材的清水，小火煮至蛋熟后去壳放入锅中再煮 5 分钟，加冰糖煮至化开，食蛋饮汤即可。

【功效】补益肝肾，强壮筋骨，养血祛风，适用于血虚风湿、腰膝神经痛、足酸背痛和四肢麻木等症。

黄芪鸽子汤

【出处】《滋补中药保健菜谱》

准备好

黄芪30克，鸽子1只，续断5克，料酒、葱花、姜片、胡椒粉各适量，盐、猪油各少许。

这样做

1. 黄芪、续断洗净，用清水浸泡1小时；鸽子去内脏，洗净。

2. 炒锅中倒入猪油烧热，放入鸽子翻炒至变色，倒入砂锅内，再将黄芪、续断及浸泡其的水一同倒入砂锅里，加水至没过锅中食材，再加料酒、姜片、盐，煮开后用小火炖1小时，加胡椒粉和葱花调味，食肉饮汤即可。

【功效】祛风除湿，活血通络，适用于风湿性关节炎、类风湿关节炎、风湿性心脏病患者。

辣椒根猪肉汤

【出处】民间验方

准备好

瘦猪肉150克，辣椒根90克，姜片、香菜末、花椒粒各适量，盐、香油各少许。

这样做

1. 猪肉洗净，切片；辣椒根洗净，装入纱布袋中，扎好口。

2. 把猪肉、辣椒根、姜片、花椒粒一起放入砂锅内，加没过锅中食材的清水，大火烧沸后改用小火炖煮30分钟至肉烂，去辣椒根，加盐、香油和香菜末调味，吃肉饮汤即可。

【功效】温经散寒，祛湿止痛，适用于关节疼痛剧烈者。

桑枝木瓜煲脊骨

【出处】民间验方

准备好

桑枝 10 克，干宣木瓜 10 克，猪脊骨 250 克，蜜枣 1 粒，葱花适量，盐少许。

这样做

1. 木瓜、桑枝清洗干净；猪脊骨剁成块，洗净，用沸水焯烫去血水。

2. 将木瓜、桑枝、蜜枣、猪脊骨一同放入砂锅中，加入没过锅中食材的清水，煮开后用小火煮 1 小时，加盐和葱花调味即可。

【功效】祛风湿、利关节，适用于湿痹拘挛、肩背酸痛、经络不利、肩臂和关节酸痛麻木等。

黄鳝紫苏汤

【出处】民间验方

准备好

黄鳝 500 克，黄瓜半根，紫苏 10 克，盐、植物油各少许。

这样做

1. 黄鳝收拾干净，用开水焯烫去血水、黏液，切小段；黄瓜洗净，切片；紫苏洗净。

2. 锅中倒油烧热，放入黄鳝煸炒，加入没过锅中食材的清水，煮开后用小火煮 20 分钟，下入紫苏、黄瓜片略煮，加盐调味即可。

【功效】善祛风寒湿痹，通血脉，利筋骨。

肉桂米酒粥

【出处】民间验方

准备好

肉桂 3 克，米酒 30 毫升，大米 60 克，白糖少许。

这样做

1. 肉桂掰成小块，大米淘洗干净。

2. 大米、肉桂放入砂锅中，加入米酒和适量清水，大火烧开后改用小火煮至米粒熟软，加白糖调味即可。

【功效】祛寒止痛，祛风湿，温肾壮阳，适合风湿疼痛、脚软骨冷、腰膝酸软、四肢冰冷者食用。

樱桃银耳汤

【出处】民间验方

准备好

红樱桃 150 克，水发银耳 1 朵，冰糖少许。

这样做

1. 红樱桃洗净，去核；银耳去蒂，洗净，撕成小朵。

2. 银耳放入砂锅中，加入适量清水煮开，再用小火煮半小时，下入樱桃煮 10 分钟，加冰糖调味即可。

【功效】祛风除湿，对风湿腰腿痛有良效。

生姜肉桂猪肚汤

【出处】民间验方

准备好

猪肚 150 克，猪瘦肉 50 克，薏苡仁 25 克，姜片 15 克，肉桂 5 克，葱花适量，盐少许。

这样做

1. 猪肚收拾干净，焯水后切条；猪瘦肉洗净，切块；薏苡仁淘洗干净，用清水浸泡 1 小时。

2. 将猪肚、猪肉、薏苡仁、姜片、肉桂一同放入砂锅中，倒入没过锅中食材的清水，煮开后用小火煮 1 小时，加盐和葱花调味即可。

【功效】温肾助阳，温里散寒，适合患有风湿病的人食用。

胡萝卜羊肉汤

【出处】民间验方

准备好

羊肉 250 克，胡萝卜 150 克，姜片、黄酒、桂皮、香菜末各适量，盐、酱油、植物油各少许。

这样做

1. 羊肉、胡萝卜分别洗净，切块。

2. 炒锅中倒油烧热，放入羊肉、胡萝卜和姜片翻炒 5 分钟，倒入砂锅内，加入黄酒、酱油、盐、桂皮和没过锅中食材的清水，煮开后用小火煮至羊肉酥烂，加香菜末调味即可。

【功效】暖胃补虚，祛风除寒，用于调理寒湿型风湿性关节炎。

高丽参鹌鹑汤

【出处】民间验方

准备好

净鹌鹑 1 只，高丽参 2 克，大枣 4 枚，盐少许。

这样做

1. 鹌鹑洗净，用沸水焯烫去血水；大枣洗净。

2. 将鹌鹑、高丽参、大枣放入砂锅中，加入没过锅中食材的清水，大火烧开后改用小火煮至鹌鹑肉熟，加盐调味即可。

【功效】适用于类风湿关节炎、幼年性类风湿关节炎伴气虚及气血两虚者，能扶助正气。

第五章

祛湿热，养好脾胃很关键

清代医家章虚谷说：“胃为戊土属阳，脾为己土属阴，湿土之气，同类相如。故湿热之邪，始虽外受，终归脾胃也。”所以，预防和祛除湿热，养好脾胃很关键。

湿热者重在健脾养胃、清利湿热

脾胃虚弱，脾运化功能失常，体内水湿津液不能被正常运化，聚集在体内就成了湿邪。湿邪郁久化热，便会形成湿热。因此，湿热者重在健脾养胃、清利湿热。

形成原因	气候炎热、潮湿；过度思虑，情志不畅；嗜酒，饱食，多食肥甘厚腻，饮食无规律
主要症状	脾气急躁；多梦，睡眠不实，早醒；身体肥胖，体味大，腰酸背痛；易生湿疹，容易得癣症；女性常外阴瘙痒，男性常阴囊潮湿；油光满面，面部发暗，多有痤疮，眼袋下垂，黑眼圈，头晕，容易脱发；口苦、口干、口臭，唇干发红，牙龈红肿，舌苔黄腻，有痰，胃胀，食欲不振；小便短赤，颜色很黄；大便黏稠或黏滞不成形，味臭
调养食材	赤小豆、薏苡仁、绿豆、糙米、丝瓜、芹菜、绿豆芽、茼蒿、苦瓜、黄瓜、大白菜、小白菜、竹笋、莲藕、冬瓜、海带、鸭肉、荸荠、甘蔗、麦冬、白茅根等

常按阴陵泉穴清湿热

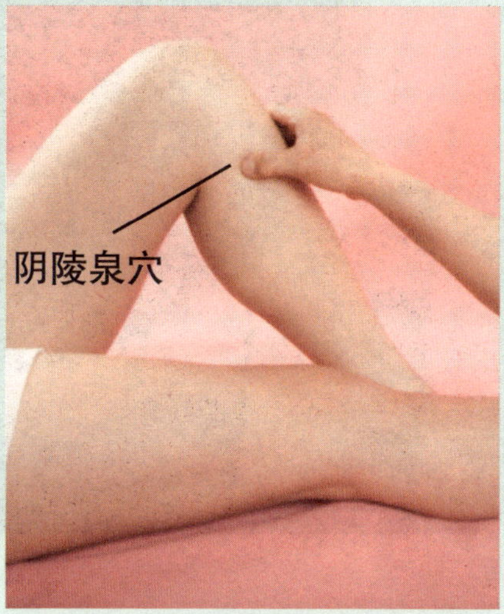

阴陵泉穴有“健脾利湿第一穴”之称，擅长清湿热。阴陵泉穴是脾经水湿之气聚积的地方，经常刺激此穴，能健脾益气，促进脾运化水湿，调理因脾经湿滞所引起的水肿、腹胀、腹泻、小便不利、黄疸等症。

取穴时，从膝关节内侧向下摸，至胫骨内侧髁下方，可以摸到一个凹陷，这个地方就是阴陵泉穴。

按摩时，每次可以按揉左右腿上的阴陵泉穴各 180 下，每天早晚各按摩 1 次，最好双腿依次按摩，大概 2 周左右就能收到不错的疗效。

良好的生活习惯能防湿热

坚持清淡、适量有清热作用的饮食，常吃些薏苡仁、赤小豆、冬瓜等能利湿的食物，可帮助祛除湿热。少吃油炸辛辣、大补大热的食物，如羊肉、葱、蒜、生姜等，忌烟酒，少甜食。此外，还应保持大小便通畅。避免居住在潮湿的地方，居住的环境要通风、干燥，不要长时间紧闭门窗，每天都应该开窗通风。

绿豆汤

【出处】《遵生八笺》

准备好

绿豆 50 克，白糖适量。

这样做

将绿豆淘洗干净，放入砂锅中，加入没过绿豆的清水，大火烧开后撇去浮沫，改用小火煮至绿豆熟透，加白糖调味，喝汤吃绿豆即可。

【功效】清热解毒，除湿消肿，用于脾胃湿热引起的腹胀、水肿、吐泻、烦渴、口苦口臭、口疮目赤、湿疹疮癣等。

薏苡仁冬瓜鲫鱼汤

【出处】民间验方

准备好

鲫鱼 1 条，冬瓜 250 克，薏苡仁 1 小把，生姜 3 片，盐、植物油各适量。

这样做

1. 鲫鱼刮净鱼鳞，去鱼鳃、内脏，洗净，控干水分；冬瓜去籽，带皮洗净，切块。

2. 煎锅中倒油置火上烧热，放入鲫鱼，两面煎至变色，盛入砂锅中，再放入冬瓜块、薏苡仁、姜片，加没过锅中食材的清水，用中火烧开，转小火再煲 30 分钟，加盐调味即可。

【功效】清热利湿，适用于湿热内蕴所引起的舌苔黄腻、身重困乏、水肿、小便赤黄。

鸡肉蘑菇荷叶汤

【出处】《中国药膳》

准备好

鸡胸肉 1 块，鲜荷叶半张，平菇 150 克，料酒、葱花各适量，盐、鸡精、植物油各少许。

这样做

1. 鸡胸肉洗净，切片，加料酒抓匀；鲜荷叶洗净，切小片；平菇去蒂，洗净，撕成条。

2. 锅中倒油烧热，炒香葱花，下入鸡肉片，翻炒至变色，放入荷叶、平菇翻炒均匀，加适量清水大火烧开，调成小火煮至鸡肉熟透，加盐和鸡精调味即可。

【功效】解暑利湿，适用于脾虚湿困引起的食欲不振、腹胀便溏等症。

荸荠猪肚羹

【出处】《本草经疏》

准备好

熟猪肚 150 克，荸荠 5 个，葱末、水淀粉、胡椒粉各适量，盐、香油各少许。

这样做

1. 熟猪肚切小丁；荸荠洗净，削皮，切小丁。

2. 荸荠丁放入砂锅中，加入适量清水大火煮开，再用小火煮 10 分钟，放入熟猪肚丁略煮，加盐、胡椒粉、香油调味，用水淀粉勾薄芡，撒上葱末即可。

【功效】益气开胃，泻胃热，消宿食，疗膈气，适用于湿热水肿、食积不运、脘腹胀满。

金银花蛋汤

【出处】民间验方

准备好

干金银花 15 克（鲜金银花 30 克），鸡蛋 2 个，盐、香油各少许。

这样做

1. 金银花清洗干净；鸡蛋磕入碗中，打散。

2. 汤锅置火上，放入金银花和适量清水烧开，转小火煮 3~5 分钟，淋入鸡蛋液搅拌成蛋花，加盐和香油调味即可。

【功效】清热祛湿，适用于心烦口渴、食欲不振、咽喉肿痛者。

赤小豆鲤鱼汤

【出处】《普济方》

准备好

鲤鱼 1 条，赤小豆 30 克，冬瓜 150 克，生姜 3 片，盐、植物油各少许。

这样做

1. 鲫鱼刮净鱼鳞，去鱼鳃、内脏，洗净，控干水分；赤小豆淘洗干净，用清水浸泡 2 小时；冬瓜去籽，洗净，带皮切成块。

2. 煎锅中倒油置火上烧热，放入鲤鱼，两面煎至变色，盛入砂锅中，再放入冬瓜块、赤小豆、姜片，加没过锅中食材的清水，用中火烧开，转小火再煲 30 分钟，加盐调味即可。

【功效】健脾利水，清利湿热，适用于四肢沉重乏力、脾虚浮肿、食少无力者。

甘蔗茅根荸荠汤

【出处】民间验方

准备好

荸荠3个，甘蔗半根，干白茅根30克，胡萝卜适量。

这样做

1. 荸荠洗净，削皮，切块；甘蔗洗净，削皮，切小段；白茅根剪成小段；胡萝卜去蒂，洗净，切块。

2. 把所有食材一同放入砂锅中，加入没过锅中食材的清水，大火烧开后调为小火煮40分钟即可。

【功效】清热解毒，凉血止血，利尿消肿，适用于脾胃湿热引起的反胃吐食、胃出血、水肿、痈肿、小便不利等。

小白菜薏苡仁粥

【出处】《常见病的饮食疗法》

准备好

小白菜 500 克，薏苡仁 60 克，盐、香油各少许。

这样做

1. 薏苡仁淘洗干净，用清水浸泡 1 小时；小白菜择洗干净，切碎。

2. 将薏苡仁放入砂锅中，加入 500 毫升清水，大火烧开后改用小火煮至薏苡仁熟软，下入小白菜略煮，加盐和香油调味即可。

【功效】清胃肠之热，消饮食积滞，适用于胃热食火所致的烦渴、积食、腹胀、便秘。

玉米须蚌肉汤

【出处】《中国食疗药膳学》

准备好

玉米须 50 克，蚌肉 120 克，盐少许。

这样做

1. 玉米须、蚌肉分别洗净。

2. 将玉米须和蚌肉一同放入砂锅中，加入没过锅中食材的清水，大火烧开后改用小火煮至蚌肉熟透，加盐调味，喝汤吃蚌肉即可。

【功效】利尿泻热，平肝利胆，适用于湿热蕴结肝胆所致的阳黄（黄疸的一种），也可用于调理肾炎水肿、脚气病等。

荠菜鸡蛋汤

【出处】《本草纲目》

准备好

荠菜 250 克，鸡蛋 2 个，葱花适量，盐、香油各少许。

这样做

1. 荠菜择洗干净，切段；鸡蛋磕入碗中，打散。

2. 汤锅中加入适量清水烧开，下入荠菜煮至断生，淋入蛋液搅成蛋花，加盐、葱花和香油调味即可。

【功效】清热利湿，凉血止血，清肝明目，适用于湿热所致的尿血、水肿、泻痢等，以及肝经热盛所致的头痛目胀、视物模糊、迎风流泪等症。

栀子仁粥

【出处】《太平圣惠方》

准备好

栀子仁粉 10 克，粳米 80 克，冰糖少许。

这样做

粳米淘洗干净，放入砂锅中，加入 700 毫升清水煮粥，至八成熟时，把栀子仁粉调入粥内继续熬煮，待粥熟，加冰糖煮化即可。

【功效】栀子仁有泻火除烦、清热利湿、凉血止血之功，与粳米、冰糖煮粥，具有清热泻火、凉血解毒之功。

金钱草鲤鱼汤

【出处】《本草纲目拾遗》

准备好

金钱草 50 克，鲤鱼 1 条，生姜 2 片，料酒适量，盐、植物油各少许。

这样做

1. 金钱草洗净，鲤鱼收拾干净。

2. 锅内加油煎至鲤鱼两面色泽金黄，淋入没过鲤鱼的清水，放入金钱草、姜片、料酒，大火煮开后改用小火煮至鲤鱼熟透，加盐调味即可。

【功效】除湿退黄，利水通淋，适用于湿热黄疸、热淋、石淋等人群。

泥鳅豆腐汤

【出处】《泉州本草》

准备好

活泥鳅 150 克，嫩豆腐半块，生姜 2 片，料酒、香菜末各适量，盐、植物油各少许。

这样做

1. 泥鳅收拾干净，切段；豆腐洗净，切小块。

2. 锅内加油煎至泥鳅两面色泽金黄，倒入没过泥鳅的清水，放入姜片、料酒、豆腐，大火煮开后改用小火煮至泥鳅软烂、豆腐呈蜂窝状，加盐和香菜末调味即可。

【功效】泥鳅能补中气、祛湿邪，豆腐能清热毒、降湿浊，共成清热祛湿、利尿退黄之功。

荷叶冬瓜汤

【出处】《饮食疗法》

准备好

鲜荷叶半张，冬瓜 500 克，盐少许。

这样做

1. 荷叶剪成小片，洗净；冬瓜去皮、籽，洗净，切块。

2. 将荷叶、冬瓜放入砂锅内，倒入没过锅中食材的清水，大火烧开后改用小火煮至冬瓜熟软，加盐调味，饮汤食冬瓜即可。

【功效】清热解暑，利尿除湿，适用于暑天口渴心烦、肺热咳嗽、痰黄稠、小便短赤、口疮等。

丝瓜猪瘦肉汤

【出处】《饮食疗法》

准备好

丝瓜 250 克，猪瘦肉 100 克，盐 2 克，姜丝适量，植物油少许。

这样做

1. 丝瓜刮净绿皮，去蒂，切成滚刀块；猪瘦肉洗净，切片。

2. 锅内倒油烧热，炒香姜丝，放入肉片煸炒至变色，下入丝瓜块翻炒均匀，倒入没过锅中食材的清水，大火烧开后改用小火煮 15 分钟，加盐调味即可。

【功效】清热除湿，凉血解毒，适用于湿热内蕴所致的烦热口渴、痈肿疮毒等。

马齿苋粥

【出处】《食疗本草》

准备好

鲜马齿苋 60 克（或干品 30 克），粳米 80 克，盐、香油各少许。

这样做

1. 马齿苋择洗干净，切碎；粳米淘洗干净。

2. 将粳米放入砂锅中，加入 600 毫升清水，大火烧开后改用小火煮约 40 分钟至米粒熟软，下入马齿苋略煮，加盐、香油调味即可。

【功效】清热解毒，适用于湿热痢疾、热毒血痢、湿热泄泻及湿热脚气、头面水肿、心腹胀满、小便淋涩等人群。

白果薏苡仁水

【出处】《家庭食疗手册》

准备好

白果10粒，薏苡仁80克，冰糖少许。

这样做

1. 白果去壳；薏苡仁淘洗干净，用清水浸泡1小时。

2. 将白果、薏苡仁一同放入砂锅中，加入700毫升清水，大火烧开后改用小火煮35分钟，加冰糖煮至化开即可。

【功效】健脾利湿，清热消肿，适用于脾虚泄泻、痰喘咳嗽、小便淋痛、水肿、扁平疣等症。

红苋菜豆腐汤

【出处】《膳食保健》

准备好

红苋菜 250 克，嫩豆腐 1 块，姜丝适量，盐、植物油各少许。

这样做

1. 红苋菜择洗干净，切小段；豆腐切小块。

2. 锅内倒油烧热，炒香姜丝，放入苋菜翻炒均匀，倒入足量的清水，煮开后下入豆腐，再煮开后加盐调味即可。

【功效】清热利湿，适用于小便不利、浮肿尿血等症。

竹节菜粥

【出处】《常见病食疗食补大全》

准备好

鲜竹节菜 50 克（干品 30 克），粳米 80 克。

这样做

1. 竹节菜择洗干净，粳米淘洗干净。

2. 将竹节菜放入砂锅中，加适量清水大火煮开，改用小火煮 25 分钟，去渣取汁。

3. 粳米放入砂锅中，倒入煎汁和适量清水，小火煮至米粒熟软即可。

【功效】清热利湿，适用于湿热下注、小便淋沥涩痛、虫积腹痛、皮肤湿疹等症。

空心菜粉丝汤

【出处】民间验方

准备好

空心菜300克，绿豆粉丝1小把，葱花适量，盐、鸡精、植物油各少许。

这样做

1. 空心菜择洗干净，切段；绿豆粉丝剪成易于入口的长度。

2. 锅内倒油烧热，炒香葱花，倒入适量清水烧开，放入绿豆粉丝煮至九成熟，下入空心菜煮软，加盐和鸡精调味即可。

【功效】清热祛湿，凉血解毒，常用于中暑、暑湿泄泻、泌尿系统感染等病症的辅助调理。

莲藕老鸭汤

【出处】民间验方

准备好

麻鸭 500 克，莲藕 250 克，葱花、姜片各 10 克，盐 5 克，鸡精、植物油、料酒各适量。

这样做

1. 将麻鸭宰杀洗净、剁成块，焯水；莲藕去皮、洗净，改刀成滚刀块，焯水备用。

2. 锅内放入少量油煸香葱姜，放入鸭块，加料酒、盐、鸡精和水烧开，撇沫，转小火炖至汤呈乳白色、麻鸭快成熟时加入莲藕炖熟软即可。

【功效】清热利湿，尤其适合夏季容易中暑且湿气较重的人群食用。

白扁豆薏苡仁粥

【出处】民间验方

准备好

白扁豆、薏苡仁、大米各 30 克，白糖少许。

这样做

1. 白扁豆洗净，用清水浸泡 2~3 小时；薏苡仁淘洗干净，用清水浸泡 1 小时；大米淘洗干净。

2. 将大米和浸泡好的白扁豆、薏苡仁一同放入砂锅中，加入 700 毫升清水，大火煮开后改用小火煮 1 小时至粥成，加白糖调味即可。

【功效】健脾益胃，利湿化湿，消暑清热，对于脾胃虚弱、食欲不振、身热烦渴、消化不良者有助益。

蒲公英鱼片粥

【出处】民间验方

准备好

蒲公英 50 克，粳米 100 克，鱼片 80 克，盐、味精、葱花各适量。

这样做

1. 蒲公英去杂质、洗净，煎取浓汁。

2. 粳米洗净，放入锅内，加水适量，入浓缩药汁煮粥，待粥黏稠时加入鱼片、盐、味精、葱花即可。

【功效】清热解毒，消肿散结，除湿利尿，可用于调理热淋、小便短赤等病症。

猕猴桃芹菜汁

【出处】民间验方

准备好

猕猴桃 1 个，芹菜 100 克，凉开水 350 毫升。

这样做

1. 猕猴桃洗净，去皮，切小块；芹菜去根，洗净，留叶切小段。

2. 将切好的猕猴桃和芹菜一同放入榨汁机中，加入凉开水，搅打至口感细滑状即可。

【功效】清利肝胆湿热，能改善口苦、口干等不适症状。

第六章

祛虚湿，先祛湿再补气

虚湿的人因为元气不足，体内的湿浊较多，缺少足够的体力，很难胜任带有一定强度的工作。因为元气不足，强度较大的工作只会让他们的元气变得更虚，体质变得更差。虚湿的人宜先祛湿再补气养气，祛虚湿的效果才会更好。

虚湿者重在健脾益气

脾虚湿盛又叫作虚湿。脾虚必然生湿，有湿必然伤脾。体内有湿，首先要健脾，脾强健则湿邪去。另外，湿为阴邪，最易耗伤人体元气，要注意保护元气、补足元气。因此，虚湿者重在健脾益气。

形成原因	天生脾虚；用脑过度；长期熬夜；爱吃冰镇冷饮、辛辣刺激性食物；久坐不动，缺乏运动；为了减肥过度节食
主要症状	不爱动，易感冒，爱出汗，肢体倦怠，肌肉麻木，关节屈伸不利，容易抽筋；头涨、头痛、头沉重如裹，眼睛干涩；舌苔薄白或白腻；口渴喜热饮，食欲不振，恶心，腹胀，腹痛，泄泻或大便不成形；痛经，月经不调，月经量过多或过少
调养食材	粳米、糯米、小米、锅巴、熟莲藕、栗子、山药、黄豆、豆腐、扁豆、豇豆、鸡肉、牛肉、羊肉、兔肉、牛肚、猪肚、鲫鱼、莲子、芡实、大枣、鹌鹑、土豆、香菇、人参、党参、黄芪、白术等

健脾补气就按足三里

中医认为，人体最多气多血的经络是胃经，而足三里穴是胃经的主要穴位之一，它具有调理脾胃、补中益气、疏风化湿、扶正祛邪的作用。腹部胀满、食欲不振、呕吐、胃下垂等多种脾胃疾病都可以用足三里穴来调理。

民间一直流传有“常按足三里，胜吃老母鸡”的说法，可见足三里对于强壮身体有多重要。老母鸡能补益气血、强健身体，对于病久体虚的人颇为适宜，而传统中医在不断与疾病作斗争的过程中，发现足三里具有和老母鸡类似的作用，是人体的保健要穴，能补中益气，防病健身。

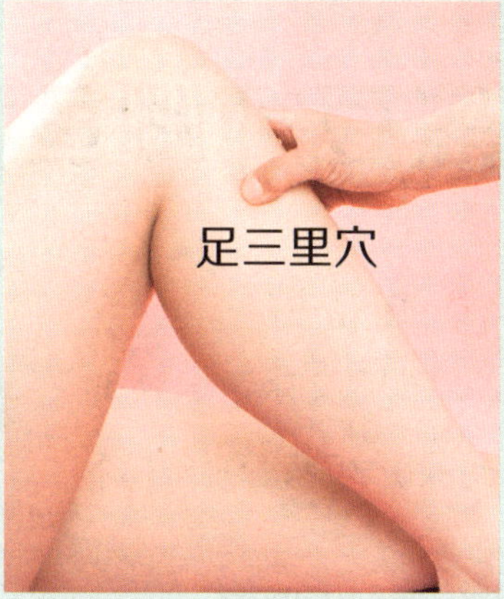

取穴时，取坐姿，屈膝90度，膝关节髌骨下两边有两个坑，分别叫作内、外膝眼穴，从外膝眼开始，往下3寸（4横指的宽度），在胫骨的边上，距离外侧边缘约1个中指的宽度，就是足三里穴。每天用大拇指或中指的指腹按揉足三里穴1次，每次按揉5~10分钟，每分钟按揉15~20下，用力按揉至有酸胀、发热的感觉。

忌吃破气耗气的食物

虚湿者体内的气不足或气有停滞的现象，会感到气不够用，所以不宜食用白萝卜、山楂、柿子等行气、破气、耗气的食物。因为行气、破气是将体内的气沉降至人体的最低处，相当于是泄气，会加重气虚的症状。

黑豆炖鲫鱼

【出处】民间验方

准备好

鲫鱼 2 条，黑豆 50 克，葱花、姜片各 10 克，盐 3 克，鸡精 1 克，胡椒粉 3 克，高汤适量。

这样做

1. 鲫鱼宰杀后去鳞、鱼鳃、内脏，清洗干净；黑豆放水涨发好。

2. 锅内放入鲫鱼、高汤、黑豆、葱、姜、盐、鸡精、胡椒粉，小火熬 20 分钟至鲫鱼熟透汤汁浓白即可。

【功效】鲫鱼能健脾和胃、利水消肿、通血脉，常用于脾胃虚弱、纳少、反胃、泻痢、水肿等人群。搭配黑豆可增强健脾益气的效果，尤宜胃弱者补充营养。

莲子锅巴粥

【出处】《梁侯瀛集验良方》

准备好

去芯莲子 30 克，米饭锅巴 70 克，白糖少许。

这样做

1. 莲子洗净，锅巴捣碎。

2. 将莲子和捣碎的锅巴一同放入砂锅中，加入没过锅中食材的清水，小火煮至莲子熟软，加白糖调味即可。

【功效】健脾补虚，消食益胃，适用于老幼脾胃气虚及久泻不愈的人群。

参枣粥

【出处】《醒园录》

准备好

党参、大枣各10克，糯米80克，白糖少许。

这样做

把党参和大枣洗净，用清水浸泡2小时，放入砂锅中，加入1000毫升清水煮开，用小火煮30分钟，倒入淘洗干净的糯米，煮开后小火煮40分钟至粥成，加白糖调味即可。

【功效】健脾益气，适用于气短乏力、食少便溏、脾胃虚弱、贫血等人群。

桂圆生姜大枣粥

【出处】《泉州本草》

准备好

干桂圆肉、大枣、姜片各 10 克，粳米 80 克。

这样做

把大枣洗净，与桂圆肉、姜片一同放入砂锅中，加入 1000 毫升清水煮开，用小火煮 30 分钟，取出姜片，倒入淘洗干净的粳米，煮开后小火煮 40 分钟至粥成即可。

【功效】健脾益气，养血，适用于身体虚弱、贫血萎黄、气血两亏、脾胃虚弱、食欲不振、脾虚泄泻者。

人参茯苓粥

【出处】《圣济总录》

准备好

人参片 3 克，茯苓粉 15 克，生姜 3 片，粳米 80 克。

这样做

把人参片、茯苓粉、姜片一同放入砂锅中，加入 1000 毫升清水煮开，用小火煮 30 分钟，倒入淘洗干净的粳米，煮开后再用小火煮 40 分钟至粥成即可。

【功效】健脾益胃，益气补虚，适用于脾胃虚弱、反胃呕吐、食欲不振、大便溏软者。

白术鲫鱼粥

【出处】《百病饮食自疗》

准备好

白术 10 克，鲫鱼 1 条，小米 50 克，盐 1 克。

这样做

1. 白术研磨成粉；鲫鱼宰杀后去鳞、鱼鳃、内脏，清洗干净，蒸熟，取鱼肉；小米淘洗干净。

2. 小米、白术粉一同倒入砂锅中，加足量清水，大火烧开后转小火煮至米粒熟软，放入鲫鱼肉，加盐调味即可。

【功效】益气健脾，和胃降逆，适用于脾胃虚弱、呕恶不食、倦怠乏力者。

薏苡仁羊肉汤

【出处】《古方饮食疗法》

准备好

薏苡仁 80 克，羊肉 200 克，姜片、香菜末各适量，盐、鸡精各少许。

这样做

1. 薏苡仁淘洗干净，用清水浸泡 2 小时；羊肉洗净，切块，用清水浸泡去血水。

2. 将薏苡仁、羊肉块、姜片放入砂锅中，加入没过锅中食材的清水，大火烧开后撇去浮沫，转小火煮至羊肉烂熟，加盐、鸡精、香菜末调味即可。

【功效】健脾补肾，益气补虚，适用于贫血、病后体虚体弱者。

胡萝卜炖牛腩

【出处】《强身食制》

准备好

胡萝卜1根，牛腩250克，姜片、八角、香菜末各适量，盐2克。

这样做

1. 胡萝卜去蒂，洗净，切滚刀块；牛腩洗净，切块，用清水浸泡去血水。

2. 将牛腩块、姜片、八角一同放入电压力锅中，加入适量清水，盖好锅盖，选择煮牛肉键，牛肉炖好后放入胡萝卜块、盐，盖好锅盖选择蒸米饭键，待提示完成，自然泄气后撒上香菜末即可。

【功效】安中益气，健脾养胃，疗补虚损，适用于气血虚弱、贫血、身体瘦弱、面色萎黄、反胃、泄泻者。

鳜鱼汤

【出处】《食疗本草》

准备好

鳜鱼肉250克，干百合10克，薏苡仁30克，姜片、料酒、淀粉各适量，盐、植物油各少许。

这样做

1. 鳜鱼肉洗净，片成薄片，加姜片、料酒、淀粉抓匀，腌制15分钟；薏苡仁淘洗干净，用清水浸泡2~3小时。

2. 薏苡仁倒入汤锅中，加入适量清水煮开，用小火煮15分钟，下入百合煮5分钟，最后下入鱼片煮熟，加盐和植物油调味即可。

【功效】补虚扶正，益脾滋肺，适用于脾虚气弱、气血不足之少气羸弱、久咳不愈等。

八宝粥

【出处】《方脉正宗》

准备好

芡实、干山药片、茯苓块、莲子、薏苡仁、白扁豆、党参片、白术块各 6 克，大米 80 克，白糖少许。

这样做

芡实、干山药片、茯苓块、莲子、薏苡仁、白扁豆、党参片、白术块一同放入砂锅中，加入 1200 毫升清水，大火烧开后用小火煮 40 分钟，捞出党参与白术，放入淘洗干净的大米，煮开后用小火煮 40 分钟至粥成，加白糖调味即可。

【功效】温胃健脾，补肾固气，养血安神，用于气虚乏力、脾虚泄泻、水肿以及失眠、心烦等虚损衰弱证。

大枣小米粥

【出处】《饮食辨录》

准备好

大枣 6 个，小米 80 克。

这样做

1. 大枣洗净，去核；小米淘洗干净。

2. 大枣和小米一同放入砂锅中，加入适量清水，大火烧开后改用小火煮至米粒熟烂即可。

【功效】补脾胃，益气血，尤其适合脾胃气虚者及孕产妇补益用。

山药赤豆粥

【出处】民间验方

准备好

鲜山药 100 克，赤小豆 30 克，粳米 80 克。

这样做

1. 赤小豆淘洗干净，用清水浸泡一夜；山药洗净，削皮，切块；粳米淘洗干净。

2. 将赤小豆、山药块、粳米一同放入砂锅中，加入 700 毫升清水，大火烧开后改用小火煮 40 分钟至烂熟成粥即可。

【功效】补脾、利湿、清热、止泄，适合脾虚不运者食用。

薏苡仁粥

【出处】《遵生八笺》

准备好

薏苡仁 30 克，粳米 60 克。

这样做

1. 薏苡仁淘洗干净，用清水浸泡 1~2 小时；粳米淘洗干净。

2. 将薏苡仁和粳米一同放入砂锅中，加入 700 毫升清水，大火煮开后改用小火煮 40 分钟至米粒熟烂即可。

【功效】健脾益气，补中利湿，适用于肢体沉重、脾虚食少、尿少浮肿、便溏泄泻等人群食用。

甜酒酿山药羹

【出处】《滋补保健药膳食谱》

准备好

甜酒酿 250 克，鲜山药 80 克，糖桂花、白糖各少许，水淀粉适量。

这样做

山药洗净，削皮，切小丁，放入砂锅中，加入 500 毫升清水，大火烧开后改用小火煮熟，再加入甜酒酿、白糖煮开，用水淀粉勾薄芡，盛出，撒上糖桂花即可。

【功效】益气生津，健脾补肺，适合身体虚弱、倦怠少气、食少便溏者食用。

黄芪鲫鱼汤

【出处】民间验方

准备好

黄芪片 15 克，鲫鱼 1 条，生姜 3 片，料酒适量，盐、植物油各少许。

这样做

1. 黄芪片放入砂锅中，水煎 2 次，去渣，合成 1 碗汁；鲫鱼收拾干净。

2. 锅中倒油烧热，放入鲫鱼，煎至两面色泽金黄，加入姜片、料酒、黄芪煎汁和没过鲫鱼的清水，大火烧开后改用小火煮至鲫鱼熟透、汤汁呈奶白色，加盐调味即可。

【功效】益脾健胃，补气升阳，适合脾胃气虚、中气下陷者食用。

莼菜黄鱼羹

【出处】《食疗本草学》

准备好

莼菜 15 克，黄鱼鲞 1 条，姜末、水淀粉各适量，盐少许。

这样做

1. 莼菜洗净；黄鱼鲞洗净，取鱼肉切碎。

2. 将莼菜、鱼肉和姜末一同放入砂锅中，加入适量清水，大火烧开后改用小火煮 20 分钟，加盐调味，用水淀粉勾薄芡即可。

【功效】健脾益气，利湿和胃，适合脾胃虚弱、食少不饥、倦怠乏力者食用。

菇豆冬瓜汤

【出处】民间验方

准备好

鲜香菇3朵，白扁豆30克，冬瓜250克，葱花适量，盐、香油各少许。

这样做

1. 香菇去蒂，洗净，切块；白扁豆洗净；冬瓜去皮、籽，洗净，切块。

2. 将白扁豆放入砂锅中，加入500毫升清水，大火烧开后改用小火煮40分钟，放入香菇和冬瓜煮熟，加盐、香油和葱花调味即可。

【功效】补脾虚、化脾湿、健脾运，能有效调理脾虚湿盛之水肿、食少腹泻。

参芪白术粥

【出处】民间验方

准备好

人参片 5 克，黄芪片 30 克，白术块 15 克，粳米 80 克，白糖少许。

这样做

1. 将黄芪、白术放入砂锅中，加入 400 毫升清水煮开，改用小火煮 35 分钟，去渣取汁。

2. 粳米淘洗干净，与人参一同放入砂锅中，倒入煎汁，再加适量清水，用小火煮至米粒熟烂，加白糖调味即可。

【功效】大补元气，健脾胃，疗虚损，适合老年脾胃虚弱、气衰血虚者常食。

莲子猪肚粥

【出处】民间验方

准备好

去芯莲子 20 克，熟猪肚 100 克，小米 80 克，葱花适量，盐、香油各少许。

这样做

1. 莲子用清水泡软，猪肚切丝，小米淘洗干净。

2. 将莲子和小米一同放入砂锅中，加 800 毫升清水大火煮开，改用小火煮至米粒熟烂，放入猪肚丝略煮，加盐、葱花和香油调味即可。

【功效】健脾益胃，补虚益气，适用于脾虚气弱所致的消瘦、食少、泄泻、水肿等。

莲肉怀山粳米糊

【出处】《补品补药与补益良方》

准备好

去心莲子、干怀山药片、茯苓粉、粳米各 30 克，白糖少许。

这样做

1. 将去心莲子、干怀山药片用清水浸泡 2 小时，粳米淘洗干净。

2. 将莲子、怀山药片、茯苓粉和粳米一同放入豆浆机中，加入适量清水，按米糊键，待提示米糊做好后，倒入盛器中加白糖调味即可。

【功效】益气健脾祛湿，适用于脾胃虚弱所致的消化不良、泄泻等。